TRAITÉ COMPLET

DE LA

CULTURE DE L'OLIVIER.

MARSEILLE, TYPOGRAPHIE DE FEISSAT AÎNÉ ET DEMONCHY,
RUE CANEBIÈRE, N° 19.

TRAITÉ COMPLET

DE

LA CULTURE

DE L'OLIVIER,

RÉDIGÉ,

D'après les Observations et Expériences

DE M. L'ABBÉ F. JAMET,

Propriétaire à Courtheson (Vaucluse),

PAR

C.-F.-H. BARJAVEL,

Docteur en Médecine à Carpentras (Vaucluse).

......neque enim est quæ, pallida quanquam,
Blanditur agricolis arbor spectetur amæis,
Seu racemate faciat spem floris, nigrantia
Prodiga seu tota expuraverit olere ramos.

(JACOB. VANIERE, Præd. Rust. Lib. V.)

MARSEILLE,

Chez CAMOIN, Libraire, Place Royale, n° 3.

PARIS,

Chez Mme. HUZARD, Rue de l'Éperon-St-André-des-Arts,
n° 7.

1830.

PRÉFACE

DU RÉDACTEUR.

Il serait tout-à-fait oiseux de s'attacher ici à démontrer l'importance d'un traité sur la culture de l'olivier. Le lecteur sait déjà tout l'intérêt qu'inspire cet arbre aux huit départemens qui le cultivent, soit à cause de l'immense utilité de ses produits, soit pour les dangers toujours croissans que lui font courir les vicissitudes de notre climat.

Le présent *Traité* est le résultat de plus de trente ans d'observations et d'expériences, suivies avec un zèle infatigable par M. l'abbé *Jamet*, dans les territoires de Sarnhac (Gard) et de Courtheson (Vaucluse). N'étant moi-même que le rédacteur des matériaux qui m'ont été confiés, je ne saurais avoir aucune part aux éloges que peut mériter ce travail, ni être responsable des principes qui y sont émis.

L'agriculture, comme toutes les sciences d'application, vit essentiellement de vérités pratiques, puisées dans le grand livre de la nature : or, les préceptes que contient cet ouvrage offriraient peu de garantie de leur bonté, si le lecteur ne pouvait s'assurer par lui-même de la valeur qu'il doit y attacher : qu'il veuille bien, en ce moment, se transporter par l'imagination sur la grande route qui conduit de Courtheson à Bédarrides ; là, jetant ses regards à sa droite vers le couchant, il apercevra une longue suite de collines qui, prenant naissance aux environs d'Orange, vont se réunir aux coteaux de Château - Neuf - du - Pape. C'est sur une de ces éminences, au terroir de Courtheson, en un quartier appelé *le Clos des Cailloux*, que se trouve une Olivette de 5o1 pieds, formée en 1817 par les soins de M. *Jamet*, d'après la méthode exposée dans ce Traité : c'est elle que le lecteur peut regarder comme la preuve vivante de toutes les assertions qui sont avancées dans ce dernier. Qu'il nous soit permis d'entrer dans quelques détails relatifs à sa plantation et à la manière dont elle a été administrée depuis.

C'est au moment où ses compatriotes, découragés par les désastres rapprochés de plusieurs hivers, arrachaient les souches de leurs oliviers, rejetons de 1789, que M. *Jamet*, rassuré par des essais antérieurs, se proposa de faire revivre une culture aussi précieuse et pourtant discréditée dans son pays natal. Il se réserva des vergers entiers qu'on détruisait jusque dans leurs fondemens ; il en acheta les vieux troncs d'abord au prix de vingt sous la pièce, puis de cinquante sous, enfin de trois francs : plusieurs de ces troncs pesaient, avec leur crapaud, plus de 400 livres. Il entreprit de les placer, en amphithéâtre, sur un sol entièrement formé par le grès calcaire (en patois *safre*); nulle végétation n'en recouvrait la superficie. Les fosses furent ouvertes avec le pic, larges d'environ neuf pieds en carré, et en ayant à peu près deux de profondeur ; chacune d'elles reçut vingt tombereaux de terre neuve prise dans le voisinage. Les troncs, préalablement étêtés,

furent mis en place du 1ᵉʳ au 12 mai 1817 ;
quelques-uns furent greffés immédiatement
avant d'être plantés ; le crapaud fut débar-
rassé de tout le chevelu , ses tubérosités ou
noix furent soigneusement ménagées ; la
souche, placée dans la fosse , fut recouverte
d'un pouce de terre seulement; il ne fut point
employé de fumier. Dans le courant du même mois , les pieds ayant fait quelques pousses , il leur fut donné une façon à la bêche.
Le même travail fut renouvelé au mois d'août
suivant. Les jets parvinrent à la hauteur de
cinq à six pieds : le propriétaire vit avec satisfaction que tous les plants avaient réussi ;
ses compatriotes virent ce résultat avec éton-
nement. A la fin de l'automne on exécuta le
buttage avec de la terre seule : l'hiver qui
survint fut assez doux.

La seconde année, M. *Jamet*, dans le but
de favoriser l'expansion des racines, fit rompre le *safre* entre chaque pied ; la souche
fut mise à nu pour détruire les racines superficielles et fortifier ainsi les profondes ;
ces opérations furent faites en novembre.
Du fumier fut placé à une profondeur d'environ trois-quarts de pied , et à une distance

de deux pouces du tronc ; le tout fut recouvert de terre meuble , et il fut construit des murs en pierre sèche pour soutenir le terrain sur le penchant de la colline.

L'hiver de 1820 , qui fut si terrible , ne fut nullement nuisible à notre Olivette , si ce n'est qu'à la fin de février chaque arbre perdit à peu près la trentième partie de ses feuilles , qui tombaient vertes (circonstance qui n'a pas lieu communément). Au printemps, de nouvelles pousses se montrèrent : cette troisième année on put recueillir quelques olives ; pour la première fois, depuis leur plantation, les oliviers furent émondés.

Je passe sous silence les années subséquentes pour arriver à la sixième où la récolte fut de 45 cannes d'huile (plus de 10 quintaux) ; mais les hivers ultérieurs ayant été plus ou moins rigoureux , le produit n'a pas dépassé dès lors 20 cannes d'huile. En 1827 , le froid ayant maltraité les branches , il fallut les ravaler à mi-bois , ce qui donna à peu près mille fagots. L'hiver de 1830 aura-t-il frappé de mort un verger qui donnait de si belles espérances ?... Quoiqu'il en soit , M. *Jamet* peut se flatter d'être l'auteur d'une véritable restauration de la culture de l'olivier, non-seulement dans le terroir de Courtheson, mais encore à vingt lieues de là. Dès que sa plantation eut prouvé, par ses succès, combien sa méthode était digne de servir de guide, on se mit de nouveau à établir des Olivettes ; on suivit ses préceptes sur la taille, le buttage, l'administration de l'engrais, la culture, etc., et l'on n'eut qu'à s'applaudir de cette pratique. Il faut le dire, un pareil résultat doit être, pour cet agriculteur, la source des plus vives jouissances. Fasse le Ciel que la lecture de ce Traité contribue à faire prospérer les Olivettes, dans les départemens où leur conservation paraît avoir été regardée comme désormais impossible !

CASIMIR BARJAVEL.

TRAITÉ COMPLET

DE LA

CULTURE DE L'OLIVIER.

CHAPITRE PREMIER.

*Multiplication de l'Olivier par les rejetons après
la récision du tronc.*

SOMMAIRE. — I. Motifs et époque de la récision du tronc. — II. Gouvernement des souches privées de leur tronc. — III. Gouvernement des rejetons qui se bifurquent. — IV. Inconvéniens de l'élagage prématuré. — V. Moyens de remédier à la *rogne* des rejetons. — VI. Conduite générale à tenir à l'égard des jeunes touffes. — VII. Émondage des rejetons; inconvéniens du ravalement. — VIII. Nombre de plançons qu'on peut élever sur la souche. — IX. Théorie des préceptes relatifs au gouvernement de l'olivier, déduite de la structure de la souche de cet arbre; expériences confirmant ces préceptes.

I. La manière la plus usitée, la plus facile et, sans contredit, une des moins dispendieuses de multiplier l'olivier, consiste à couper le tronc de l'arbre rez terre ; la souche alors pousse une quantité de rejetons en proportion de sa vigueur et de son étendue. On est forcé de faire usage de cette pratique : 1ᵉ quand le tronc de l'olivier est pourri , carié , de manière à donner peu d'espérance pour l'avenir ; 2° toutes les fois qu'un hiver trop rude a tué les branches et les troncs. Après les froids les plus désastreux , jamais la Provence n'a eu recours à des contrées lointaines pour renouveler ses vergers. C'est par la récision du tronc , qu'après la catastrophe de 1709, on repeupla les campagnes ; c'est , en effet , à cette époque qu'on fut généralement convaincu que les racines de l'olivier se conservent sous terre pendant des siècles. Plusieurs propriétaires vendirent alors de ces racines pour plus que ne valait leur fonds. La base bulbeuse de l'olivier , la souche (le *crapaud* , vulgairement la *matte* , la *bourde* , etc.), profondément cachée sous le sol , recèle une mine inépuisable de vitalité inaccessible à l'intensité des hivers ; elle est , à juste titre , comme l'a dit M. *Lautard* (1) , le polype des végétaux.

On peut abattre les troncs en toute saison ; mais il est beaucoup plus à propos de le faire dans le courant de mars , ayant soin de mettre , au moins , trois à quatre pouces de terre sur les incisions, afin de les garantir du froid qui pourrait survenir pendant ce mois et dans les premiers jours d'avril , et aussi pour les défendre contre les ardeurs du soleil en été.

(1) Membre correspondant du Conseil d'Agriculture pour l'arrondissement de Marseille.

Il est bon de faire remarquer ici qu'il est possible, sans abattre le tronc, d'élever des plants sur la souche, l'arbre étant sain et vigoureux. Dans ce cas, il faut toujours choisir les drageons qui sont les plus éloignés du pied ; car, lorsqu'il s'agit de les arracher pour les transplanter, il faut éviter de nuire à la souche génératrice; d'ailleurs, il faut donner à ces rejetons un moyen de se faire une nouvelle base à eux-mêmes.

Si un olivier, qui ne serait pas bien vigoureux, donnait pourtant quelque espérance, il serait possible de le refaire par les rejetons ; la chose serait même assez facile, il n'y aurait qu'à laisser croître toutes les pousses du crapaud pendant le courant de l'année ; puis, cette première année révolue, on en choisirait quelques-unes des plus belles pour rester à demeure, et toujours de préférence celles qui seraient les plus distantes du tronc, afin qu'elles pussent se munir d'une nouvelle souche qui fut saine.

II. Il est important de savoir gouverner les souches dont les troncs ont été coupés. Voici à cet égard quelques préceptes : on a soin de ne pas faire passer la charrue ni la bêche sur ces souches, de peur d'endommager les jeunes surgeons encore souterrains. C'est avec la main qu'il faudrait arracher les herbes malfaisantes. Dès l'apparition des rejetons, il est d'une absolue nécessité de n'y point toucher pendant trois ans, si ce n'est pour le sarclage , ou pour l'administration de l'engrais ; sous ce dernier rapport , employer le terreau et n'user jamais de fumier pur et non mitigé ; on doit fumer les alentours de la souche et la cultiver à propos.

III. Il arrive souvent que les beaux rejetons se bifurquent vers le milieu de leur longueur, ou que de la tige il sort une grosse pousse latérale qui l'empêche de monter droit. Dans ce cas, la jeune tige doit être sevrée d'un de ses montans , si elle en a deux ; à plus forte raison faudra - t - il retrancher les jets latéraux.

IV. L'élagage prématuré des rejetons entraîne plusieurs inconvéniens, dont les plus remarquables sont, le retard dans leur accroissement, et la production d'excroissances ou *guis* , que nous appelons vulgairement *rogne* ; (chaque gui représente le nid d'un ver qui se nourrit aux dépens du rejeton et perce jusques au bois dur). On a à craindre aussi que les tiges, de droites qu'elles étaient, ne se courbent par la cime; que les feuilles ne deviennent petites et rabougries : qu'enfin , les rejetons eux-mêmes ne prennent l'aspect hérissé des buissons. Si l'on s'obstine alors à toucher au peu de travail qu'ils auront fait, on court le plus grand risque de les perdre eux et leur mère.

Une touffe de rejetons a-t-elle subi cette dégradation , ou bien a-t-elle été rongée par les bestiaux , il faut la traiter comme si elle ne faisait que de sortir de terre , et n'y pas toucher jusques à l'entière révolution des trois ans écoulés depuis ce désastre. Le travail devra se faire au commencement de novembre , lorsque l'olivier n'est plus en sève ; par ce moyen , la touffe se réparera peu à peu et donnera des plants , qui, toutefois, seront plus tardifs et moins droits qu'ils ne l'auraient été si elle n'eût pas été maltraitée.

V. Quelquefois les rejetons se couvrent de *rogne*, dès leurs premières années, avant qu'on y ait porté le fer : ce vice peut être attribué , dans ce cas, soit à la rigueur de l'hiver précédent, soit et surtout à la faiblesse de la souche de laquelle, lors de la récision du tronc , on aura négligé d'ôter le bois sec ou pourri : on y remédie en réparant ses forces par des engrais convenables et une bonne culture , on ne l'émondera pas jusques à la fin de la sève de la troisième année ; la rogne disparaîtra insensiblement , et les jets deviendront des plants plutôt que s'ils avaient été gâtés par un émondage prématuré.

VI. Ainsi, dans tous les cas possibles , laisser la touffe à elle-même pendant l'espace de trois ans , et n'y toucher alors avec le couteau que pour abattre une fourchure ou une pousse latérale trop grosse , c'est une maxime générale qui ne souffre point d'exception. Ceux qui ont voulu s'en écarter ont perdu leurs plants dès leur naissance , ou du moins les ont singulièrement retardés.

L'ignorance de cette pratique a fait périr une in-
finité de jets qui eussent remplacé les oliviers
moissonnés en 1766, 1789, et autres époques.
Le peu de plançons qu'on a élevés dans quelques
cantons ne sont presque que le fruit d'une heureuse négligence.

VII. La touffe est-elle parvenue à sa troisième
année, on choisira le commencement de novembre pour l'éclaircir ; on enlèvera alors une multitude de petits jets, broussaille souvent fort
épaisse, qui a été utile aux rejetons pour les garantir du soleil en été, et les abriter contre le
froid et les grands vents en hiver ; mais l'émondage ne doit point atteindre tous les rejetons.
L'année d'après, on en supprimera encore quelques-uns, en conservant les plus droits et les
plus vigoureux. Parmi ceux-ci, s'il en est plusieurs qui se touchent, on n'en laissera qu'un
seul à demeure ; de sorte, qu'il existe un certain espace entre chacun des sujets qu'on destine
à devenir plançons. D'après cette disposition,
quand ils seront faits, on pourra les arracher
l'un après l'autre, et chacun sera pourvu de la
portion de souche qui lui convient.

On commence, cette quatrième année et toujours à la même époque, d'abattre les plus grosses
pousses latérales des tiges, et rien de plus; il n'est
pas encore temps de toucher à leur tête. Enfin,
la cinquième année, on dépouille entièrement les

jeunes plants de leurs produits latéraux ; on éclaircit, s'il en est besoin, les branches qui forment
la tête, sans toucher aux sommités. Consentez
alors, à voir vos sujets moins réguliers et moins
agréables à l'œil, si vous ne voulez, en portant
atteinte aux cimes, que les jeunes troncs se hé-
rissent de pousses superflues, et que les branches cessent de croître pendant un temps assez
long ; ce retard serait un des moindres inconvéniens du ravalement.

VIII. Le nombre de plançons qu'on peut élever sur une seule souche, dépend de l'espace
qu'elle occupe. Un olivier, cinq ou six ans après
sa transplantation, offre une souche assez peu
étendue ; s'il vient à être détruit par le froid,
c'est beaucoup qu'il donne quatre plants, deux
pour être enlevés, et deux pour réparer l'arbre.
Il est des souches qui suffisent à vingt-cinq ou
trente nourrissons ; c'est pourtant assez rare ; le
plus ordinairement on peut en attendre de six à
quinze de la part des vieux oliviers. L'accroissement des plants est moins actif, si on en laisse
un trop grand nombre sur leur mère commune.
Toutefois, il vaut mieux accorder à celle-ci une
abondance de jets, que de lui en laisser trop peu,
pour les raisons que nous allons exposer.

IX. La souche de l'olivier est formée de la jonc-
tion des racines et d'un très-grand nombre de tubérosités ou noix qui sont autant de réservoirs

où la sève s'arrête et s'affine. La souche des autres arbres n'est autre chose que la réunion des racines; s'ils viennent à perdre leurs feuilles et leurs fruits, il n'y a guère à attendre d'eux, parce que leur sève est épuisée. L'olivier, au contraire, dans les plus grandes sécheresses, peut perdre ses fruits en tout ou en partie; ses feuilles blanchies et desséchées tomberont en grande quantité; à la suite d'un hiver trop rude, leur chute sera complète; et pourtant, dans ces deux cas, si on déterre la souche et qu'on la mette en *célats* ou *noix*, on la trouvera fraîche, abondante en sucs et toute prête à les communiquer à l'arbre. L'olivier est donc riche en sève; il faut donc laisser à la souche, qui en est le principal réservoir, les moyens de se délivrer de cette surabondance; sans quoi, cette même sève, qui est destinée à donner la vie, la vigueur et l'accroissement à la nouvelle famille, sera stagnante, se viciera par un trop long séjour, et ne pourra départir aux rejetons qu'une mauvaise nourriture. C'est précisément ce que l'expérience confirme, puisqu'elle nous apprend à prévenir cette cause destructive de nos souches et de nos plants, en laissant à celles-ci tous leurs rejetons pendant un temps considérable, sans y toucher aucunement.

Ces considérations, sur lesquelles j'avais conçu d'abord des doutes, m'ont servi de guide dans le gouvernement des oliviers depuis leur naissance jusqu'à leur âge mûr. Voici ce que m'écrivait, en 1803, mon ami feu M. *Étienne Charravin*, qui a rempli les fonctions curiales à Sarnhac , petite commune du Gard , depuis 1762 jusqu'en 1818 : « L'hiver de 1766 frappa une certaine « quantité de mes oliviers , leurs troncs furent « abattus suivant l'ancienne routine ; quelques- « unes des touffes qui en provinrent , furent « éclaircies et émondées à la fin de novembre de « la seconde année : j'en réservai plusieurs pour « être laissées à elles - mêmes. Celles - ci furent « toujours vigoureuses et me firent espérer d'avoir « bientôt dix ou douze oliviers au lieu d'un ; « mais les touffes émondées prématurément , « devinrent languissantes , courbées par leur « cime , et la plupart se couvrirent de rogne en « haut et en bas. Ce fut pour moi une leçon « bien énergique. » L'hiver de 1789 , fut beaucoup plus rude , et le froid capable de nuire aux oliviers persista davantage , si bien que nous en perdîmes plus de la moitié ; les troncs furent récisés comme de coutume : presque tous les cultivateurs gâtèrent leurs touffes par un émondage précipité. Je ne fis pas comme eux ; instruit par l'expérience , je les abandonnai toutes à elles - mêmes , et n'y touchai en aucune manière l'espace de trois ans ; à ma grande satisfaction , je n'en perdis pas une seule , et j'eus l'avantage d'avoir élevé des plants plus beaux , en plus grand nombre et en moins de temps (1).

Quand l'année d'émonder les touffes est arrivé, pourquoi ne pas faire l'émondage en toute saison ? L'expérience répond à cette question , en nous apprenant :

1° Que l'olivier doit être mené lentement , si nous voulons le faire aller vite ;

2° Que l'émondage pratiqué en été lui est préjudiciable , vu que les plaies que fait le couteau, sont autant d'issues par où la sève s'échappe et se dessèche ;

3° Qu'il est dangereux également d'émonder en hiver ;

4° Qu'il ne faut nullement toucher aux jeunes tiges en mars , parce qu'alors la sève entre en mouvement ; ce qui rend les coupures plus sensibles aux gelées blanches ;

5° Que le mois d'avril n'est point non plus la saison de cet émondage , parce qu'alors l'olivier a commencé de travailler , et que les coupures l'arrêtent dans son travail pour quelque temps ;

6° Enfin , que le mieux est d'émonder les touffes à la fin des sèves , ce qui arrive dans le

______

(1) *Note du Rédacteur.* Nous devons avertir ici que , toutes les fois que le texte offrira un énoncé à la première personne , il faut supposer que c'est M. l'abbé *Jamet* qui raconte lui-même les expériences et observations qui lui sont propres. Le rédacteur ne revendique , pour sa part , dans cet ouvrage , que ce qui est purement philologique et d'érudition.

courant de novembre ; les plaies ont eu alors le temps de se cicatriser avant le grand froid.

Dix ans suffisent pour que les rejets qui naissent du crapaud de l'olivier soient capables de donner une assez bonne récolte, pourvu qu'ils soient dans un terrain approprié.

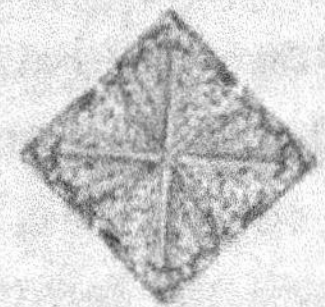

CHAPITRE II.

Pépinières.

I. Outre les pépinières sans nombre que nous procurent, à notre grand regret, les hivers trop rigoureux, il est plusieurs manières d'en établir qui, à la vérité, ne donnent point de plants dans aussi peu de temps que les souches privées de leur tronc ; mais, en revanche, elles nous offrent le précieux avantage de nous fournir des plants francs et de l'espèce désirée : du reste, il ne tient qu'au propriétaire de les rendre pérennes ou durables à volonté, comme il sera dit ci-après.

Les pépinières, proprement dites, peuvent se faire : 1° par *souchets* ou *célats*, que vulgairement nous appelons *noix*; 2° par *chevilles*, ou par les jets qui naissent sur la souche des

oliviers sains et vigoureux ; 3° par *graines*, semis
ou noyaux ; 4° par *boutures*.

II. *Pépinières par souchets.*

Les souchets, ou célats, doivent être pris
à la souche d'un olivier de l'espèce qu'on désire, et qui n'ait point été greffé, autrement
on n'obtiendrait que des sauvageons qu'il faudrait enter (1). Outre que les célats doivent
être sains et frais (ce que l'on reconnaît à leur
écorce d'un blanc luisant), il faut qu'ils soient
assez volumineux pour pouvoir donner une nourriture suffisante aux jets qui en sortiront. D'a-
près l'expérience, un souchet de la grosseur
d'un œuf de poule, est susceptible de faire des
surgeons, mais ils viennent lentement. Un célat
large comme une main étendue, et de l'épaisseur
d'un pouce, ou d'un pouce et demi, peut être
mis en pépinière avec profit : si le volume était
double, ou triple, le souchet n'en serait que
meilleur ; mais, au-delà de cette limite, les
nourrissons ne peuvent pas épuiser tous les sucs
du souchet générateur ; on l'expose à une sta-

(1) On entend généralement, par *sauvageon*, le sujet sur lequel
on place la greffe ; je dis généralement, parce que souvent, pour
se procurer certaines espèces, on ente des sujets qui portent du beau
et bon fruit, et qui, pourtant, ne méritent point le nom de *sau-*
vageon : hors ce cas, on ne doit greffer que des arbres qui, par leur
nature ou par accident, ne paient pas suffisamment, par leur fruit,
les frais de culture.

gnation de la sève dans quelqu'une de ses parties qui ne manquera pas de se dessécher , et gâtera la partie saine. J'aurai occasion de prouver invinciblement cette assertion.

J'arrive à la plantation et à la culture des souchets. Le fonds étant bien préparé et bien ameubli , on y creuse des rayons d'un pied de profondeur , sur autant de largeur , à la distance d'environ trois pieds l'un de l'autre : on y place ensuite les éclats, espacés entre eux d'un pied et demi, de manière que leur écorce soit en dessus ; on ne laisse point de vide en dessous , et pour cela on y fait passer de la terre avec la main , ainsi que tout autour et pardessus ; on presse médiocrement chaque souchet ainsi placé ; on achève enfin de les couvrir de quatre pouces de terre : c'est-à-dire , un peu plus que les légumes. Si on les couvrait davantage , ils ne pousseraient non plus qu'une amande , ou une noix de noyer , que l'on confierait à une trop grande profondeur.

Ces pépinières doivent être cultivées quatre ou cinq fois dans l'année ; mais , au moins , une première fois en sortant de l'hiver , une seconde en mai , et une troisième dans le courant d'août. Le travailleur aura soin de ne point tirer la terre sur les souchets, la première année, afin que le rayon reste ouvert jusques à la seconde pour être entièrement comblé dans le cou-

raut de la troisième ou de la quatrième, selon
qu'on le jugera à propos. Sans contredit, on
n'oubliera pas d'y mettre un peu de fumier, de
deux en deux ans, et de le répandre comme
si c'était pour fumer une terre à blé.

Les pépinières, par souchets, viennent assez
bien sans arrosage : elles croissent beaucoup plus
vite quand on a de l'eau pour les tenir fraîches
tout l'été : il ne faut pourtant pas les arroser aussi
souvent que les légumes. Une légère culture est
nécessaire à mesure que la terre fait croûte,
soit pour détruire les herbes, soit pour mainte-
nir la fraîcheur et éviter ainsi la fréquence des
arrosemens.

Les touffes, provenues de souchets, doivent
être gouvernées comme celles qui croissent sur
les souches privées de leurs troncs : les unes et les
autres craignent les mains trop empressées de
manier la serpette.

Les pépinières par célats donneront, lorsqu'elles n'auront pas été arrosées, des plançons
au bout de 9 à 10 ans : si on les obtient plus
tard, le propriétaire n'y perd pas beaucoup ;
ces plants, quoique trop petits pour être transplantés, produisent assez d'olives pour vous
indemniser des frais de culture, et même bien
au-delà, à mesure qu'ils deviennent moins jeunes. Je parle ici d'après ma propre expérience :
il est surprenant que les tenanciers de ces con-

trées n'aient pas usé de ce moyen pour multiplier leurs oliviers, et même pour en tirer un profit qui serait très-grand, vu le prix auquel on achète les plants.

Voulez-vous rendre durables, à volonté, les pépinières par souchets ? Rien n'est plus aisé : les célats, de la grandeur d'une main ouverte, fourniront chacun une touffe, dont on laissera au moins deux rejetons quand on commencera à l'émonder au bout de trois ans ; ainsi, à proportion, si les souchets sont plus volumineux. Quand ces jeunes tiges auront acquis la grosseur convenable pour être transplantées, elles auront une souche assez forte ; et, probablement, toutes ne seront pas propres à être extraites la même année : on laissera donc les plus petites avec un peu de la base de celles qu'on enlève ; cette portion de souche, se trouvant bien enracinée, produira des rejetons vigoureux et aptes, dans peu d'années, à la transplantation. Si on enlève toutes les tiges à la fois, on doit laisser en terre un peu de leur base, à droite et à gauche, ce qui donnera naissance à une nouvelle touffe : ainsi, successivement, chaque année le tenancier tirera des plants de sa pépinière, sans qu'il lui en coûte d'autres frais que ceux de culture, dont il est amplement dédommagé par la récolte du fruit.

Il n'est que trop vrai que l'hiver peut nous déranger dans nos vues, et rendre même nos travaux inutiles pour un temps ; mais un sage agriculteur ne se laisse point décourager ; bien plus, il sait tirer parti de la disgrace de ses arbres. On coupe, sur la souche, les oliviers qui sont morts, et la souche se couronne de rejetons. On étête ceux qui n'ont été maltraités que par les branches, et ils prennent une tête nouvelle. Nous devons donc traiter avec nos oliviers, comme nous le ferions à l'égard d'un honnête négociant qui, quelquefois et malgré lui, ne peut remplir ses engagemens ; mais qui ne manque jamais de satisfaire ses créanciers dès qu'il en a les moyens. En 1785, ayant essayé une pépinière par éclats peu étendue, j'eus lieu de m'en féliciter; l'hiver de 1789 ne lui fut presque pas nuisible ; je n'ai donc pas l'expérience de ce que je vais dire : mais, d'après ce qu'on pratique utilement à l'égard des plants ou chevilles qui ont souffert des froids rudes, il paraît que ceux des pépinières doivent être traités de même. Lorsque l'hiver a frappé les jeunes touffes venues sur les souches privées de leur tronc, et dont les jets sont encore petits, on les abandonne à elles-mêmes ; elles donnent de nouvelles pousses : plus tard, on retranche le bois mort ou languissant, et l'on traite les jets vifs comme il a été dit. Il me semble que cette méthode peut, le cas échéant, diriger le cultivateur dans le gouvernement des pépinières ; avec cette différence, pourtant, que les jets tortus, ou hérissés en buissons, devraient être greffés pour les faire venir plus vite et plus droits.

III. *Pépinière par chevilles.*

On sait que les vieux oliviers, à force d'avoir drageonné à leur pied, ont souvent à cette partie une protubérance du poids de plusieurs quintaux, sur laquelle naissent toujours des drageons qu'on enlève successivement avec une grande partie du vieux bois, au moyen d'une hâche ou d'un ciseau : plus on emporte de vieux bois avec le drageon, moins celui-ci réussit à la plantation. Ces drageons, ou jets, qui croissent autour de l'olivier, sont ce que nous appellons *chevilles* : on doit avoir grand soin de les couper à la fin du printemps ou de l'automne.

Quand on destine les chevilles à être mises en pépinière, on en laisse un certain nombre à chaque souche, et on les arrache un ou deux ans après, avec la précaution de donner à chacune un peu de base de la grandeur d'une pièce d'un sou. On creuse des rayons à deux ou trois pieds de distance, sur un pied de profondeur, et l'on y plante, l'une après l'autre, les chevilles qu'on espace entre elles d'un pied ou moins, si l'on veut : on presse légèrement, avec la main, la terre tout autour, et surtout sur leur petite souche ; puis, on fait rentrer dans les rayons la terre qui en a été retirée d'abord , de manière , pourtant , que les eaux d'arrosage puissent passer, et y être contenues , comme on le fait pour les légumes et les plantes potagères.

Avant de planter les chevilles , on les coupe à un pied quatre pouces de haut, et on abat toutes les pousses latérales , ainsi que les feuilles.

On dit que les jets gourmands qui croissent dans l'arbre , peuvent servir au même usage que les chevilles , proprement dites , et que , pour cela , à l'époque de la fin de la dernière sève , on les serre près de la branche avec un gros fil : dans le courant de l'année qui suit , il se forme un bourrelet au-dessus du fil , et , quand on veut les planter , ce bourrelet leur tient lieu de souche. Je ne garantis pas le procédé , n'en ayant point fait l'expérience : je le donne pourtant comme vraisemblable. Voici ce que j'ai lu dans une notice sur les effets de la gelée de 1820 , par M. *Coste de Frégeorgues* , correspondant du conseil d'agriculture à Montpellier :

« Il résulte de plusieurs essais, dont j'ai été té-
« moin, qu'en faisant une ligature en fil de fer,
« ou autrement, au-dessous de l'un des yeux de
« la branche qu'on veut couper pour la planter
« ensuite, on obtient ainsi une excroissance,
« espèce de bourrelet, qui, formant la base de
« la branche qu'on veut planter, contribue à

« sa réussite. Ces sujets, mis en pépinière, ont
« une végétation plus prompte, et, alors qu'on
« les arrache, on les trouve avec des racines
« plus étendues et plus abondantes. Des person-
« nes, bien dignes de confiance, assurent que
« ces essais, répétés sur des arbres fruitiers,
« et sur plusieurs autres, ont parfaitement
« réussi. »

IV. *Pépinière par semis.*

L'olive est un butin recherché des rats, des
grives, des étourneaux, et autres animaux dé-
vastateurs. La destruction de presque toutes
les races d'oiseaux de proie en Europe, dans
l'idée de conserver le gibier, a fait diparaître le
principal moyen de s'opposer à ces fléaux terribles des campagnes, tandis que ces mêmes espèces carnassières se laisseraient plutôt mourir de
faim que d'arracher le moindre brin d'herbe.
On ne saurait trop admirer la sagesse des lois
égyptiennes qui prohibaient l'usage des oiseaux
de proie, soit de jour ou de nuit, et les avaient
consacrés aux Dieux (1). Déplorons les dégâts
que nous causent les animaux frugivores ; mais
profitons d'une observation à laquelle ils ont
donné lieu : ils nous ont appris, en effet, que

____

(1) Voy. les oracles de Cos par *Aubry*, nouv. édit. disc. prélim.,
pag. 71.

du noyau d'une olive peut naître un olivier : l'*oléastre*, ou *olivâtre*, doit son origine à la circonstance que nous signalons ici (1).

Si j'avais à faire une pépinière à noyaux , je prendrais sur les arbres qui n'ont pas été greffés, les olives les plus grosses et de bonne espèce ; et, après les avoir dépouillées de leur pulpe , je les mettrais dans des rayons peu profonds (2) , lais-

(1) L'abbé *Rozier* a fait des remarques assez curieuses sur les animaux qui avalent les noyaux d'olive ; on nous permettra de les rappeler ici : « Je sais , dit-il , par expérience que les noyaux d'olive, avalés par les moutons , les bœufs et les vaches , sont rejetés ensuite après leur rumination , et ne germent pas ; qu'avalés par des dindes , ils sont digérés , et ne paraissent plus dans leurs excrémens ; que si le fruit a été avalé par une chèvre , elle rend le noyau avec ses crottins ; et que ce noyau , planté convenablement , germe , végète, prospère , etc. La poule aime l'olive mûre , elle mange le fruit , rejette quelquefois le noyau , et , si elle l'avale , elle le rend digéré. Les pies , qui sont voraces et fort communes dans les pays chauds , avalent le fruit et le noyau , et rendent ce dernier , puisqu'on le trouve entier dans leurs excrémens ; je crois qu'elles sont les grandes pourvoyeuses des semences des oliviers sauvages Cette digestion animale est-elle une condition nécessaire à la germination ? le problême n'est pas résolu. » (*Cours complet d'Agriculture* rédigé par l'abbé *Rozier*, tome VII , pag. 213. Paris , 1786.)

(2) Il est bon de rappeler ici les résultats des expériences faites par *Duhamel de Monceau* , relativement aux semences en général. 1° Presqu'aucunes graines ne lèvent quand elles sont à plus de neuf pouces en terre ; 2° certaines lèvent bien à six pouces ; 3° d'autres ne sortent qu'étant enterrées à un pouce ou deux pouces ; 4° les mêmes semences peuvent être enterrées à une plus grande profondeur, dans une terre légère que dans une terre forte ; 5° les semences, qui seraient trop avant en terre pour en sortir dans une année sèche , pourront en sortir dans une année chaude et humide ; 6° des se-

sant entre chaque noyau un espace d'un ou deux pouces ; je les couvrirais de terre comme on le fait pour les fèves , les haricots , etc. , et je choisirais pour cela un terrain qu'on pût arroser au moins les deux premières années. Il est essentiel d'ôter la chair des olives qu'on veut semer ; car, cette chair est imprégnée d'huile et d'*amurca* , principes qui pourraient nuire à l'amande renfermée dans le noyau , et contrarier sa germination (1).

On choisit les olives les plus grosses et les mieux nourries, parce qu'elles ont l'amande plus volumineuse et plus saine ; celle des olives

menses mises à une trop grande profondeur , peuvent se conserver dix ou vingt années sans s'altérer , de sorte que , si en remuant la terre on les répand à la superficie , elles germent à merveille et produisent la plante de leur espèce. (Voy. *Traité de la culture des terres*, tom. 1er, chap. X , pag. 126 et 127 , nouv. édit. Paris, 1753.)

(1) On sait, d'après le témoignage de *Columelle* , *Palladius* , et autres , que l'*amurca* était employée pour la préparation des semences, telles que les fèves , etc. *Virgile* a dit :

Semina vidi equidem multos medicare serentes

Et nitro prius et nigrâ perfundere amurcâ ,

Grandior ut fetus siliquis fallacibus esset , etc. (Georg. lib. I.)

On sait aussi que les modernes ont usé de certaines dissolutions salines ou alcalines pour la préparation des grains de froment ; mais *Duhamel* (ouv. cité , tom. II , chap. I , première partie) croyait ces préparations tout-à-fait inutiles. Quelle que soit , d'ailleurs, l'opinion qu'on adopte relativement au chaulage , au sulfatage, etc. les semis d'olive se refusent évidemment à de pareilles manipulations , et ce n'est point gratuitement que nous consignons dans le texte les inconvéniens de la présence de l'huile et de l'*amurca* , à l'égard des olives que l'on se proposerait de faire germer

petites ou flétries , est souvent morte et dessé-
chée dans le noyau.

On cueille les olives de préférence sur un arbre qui n'a pas été greffé , afin que les plants
qui en naîtront puissent produire des fruits de
même espèce que ceux qui auront été mis en
terre. Les fruits provenant des sujets greffés
suivent , quant au noyau , la nature du tronc qui
les nourrit , de sorte que tout fruit provenu
d'une greffe mise sur un sauvageon , s'il est jeté
en terre , ne peut donner que du sauvageon tout-
à-fait semblable à celui sur lequel aura été faite
la greffe. Mais il n'y a pas à craindre qu'une
olive prise sur un olivier franc , puisse produire un olivier sauvage : quelqu'un l'a cru et la
dit ; mais il s'est trompé.

Les oléastres sont d'espèces diverses. Plusieurs
de ces plants , que j'avais mis à demeure , n'ont
point été dans le cas d'être greffés ; d'autres , que
j'avais laissés en place , sont devenus fertiles en
bons fruits ; d'autres sont restés , pendant quelques années , dans un état buissonneux à feuilles
très-petites ; mais ils finiront par prendre leur
essor et par donner de belles olives. Il en est ,
enfin , qui auraient besoin de la greffe , et qui
n'attendent que ce secours pour mériter le nom
d'olivier.

Il y a une grande différence entre les sujets
qu'on voudrait obtenir par semis, et ceux qui

naissent de noyaux semés par les rats : ceux-ci se rencontrent au pied des murs , au milieu des herbes et des ronces ; leur culture est nulle , et même impossible : ils occupent des bourrelets de terre ou de pierraille , auxquels on ne touche point , vu la nécessité des bandes pour soutenir des murs faits d'ordinaire à pierre sèche. Il est bon de faire observer que , lorsque ces plants ont acquis une certaine grosseur , ils portent leurs racines dans la terre cultivée qui les avoisine , et qu'alors ils croissent d'une manière plus rapide et plus heureuse. Il ne faut donc pas douter que les noyaux , mis en pépinière cultivée et arrosée à propos , ne donnassent plutôt des plants : j'avoue que ce mode de multiplication de l'olivier est le plus long de tous ceux connus. Les anciens qui en ont parlé , ont dit que c'était travailler pour nos neveux. Cependant , cette pratique offre plusieurs avantages réels dont on ne saurait disconvenir :

1° Le premier , qui est inappréciable , c'est de pouvoir se procurer , à bien peu de frais , les espèces exotiques. Il serait trop dispendieux d'apporter de l'étranger des souchets , ou des chevilles qui , de plus , pouvant se dessécher en chemin , deviendraient par là entièrement inutiles. Rien n'est plus aisé , au contraire , que le transport des olives en nombre suffisant pour créer l'olivette la plus étendue.

2° Le second avantage, c'est d'avoir un *moyen sûr* de multiplier l'olivier, quand on ne peut, qu'à grands frais, se procurer des chevilles ou des souchets.

3° Le troisième serait d'occuper un très-petit espace de terrain pendant les trois premières années, les noyaux ayant été semés fort près l'un de l'autre, comme il a été dit. S'ils lèvent à moitié nombre, il faudra, de toute nécessité, à l'époque de trois ans révolus, les éclaircir : les petits plans superflus serviront utilement à agrandir la pépinière, qui viendra plus vite, étant moins épaisse.

La méthode par semis n'offre pas, sans contredit, le moyen le plus prompt de jouir ; mais on multiplie, et l'on perfectionne ainsi les variétés ; de plus, l'on a des arbres plus enracinés et plus vigoureux, puisqu'ils s'élèvent sur une racine pivotante. Les pépiniéristes ont soin de couper ce pivot, afin de favoriser le développement des racines latérales au-dessous de l'humus ; car, si le système vertical descendant est très-propre à affermir les arbres, on ne peut nier que le système horizontal et traçant n'ait plus d'aptitude à recueillir les sucs nourriciers. On a remarqué, depuis long-temps, que les racines pivotantes poussent des rameaux souterrains qui sont d'autant plus vigoureux qu'ils sont moins profonds en terre ; de sorte que les plus

forts sont , à la superficie , dans cette épaisseur
de terre accessible à la charrue ; ce sont là les
racines rampantes. C'est dans l'intérêt de ces
dernières , et par conséquent dans celui de l'arbre , que se font les labours , et qu'on fait choix ,
en général , d'une terre assez légère (sable ,
terreau de couche , etc.) , où il soit plus facile
aux racines de s'étendre. C'est à *Duhamel du
Monceau* que nous empruntons ces considérations sur les racines rampantes (1). L'abbé *Rozier* , au contraire , insiste fortement pour prouver combien sont peu fondés les préceptes *bar-
bares* que suivent les pépiniéristes à l'égard du
pivot , cette mère-racine , *racine majeure* et
primitive, en vertu de laquelle l'arbre croît, *suivant les véritables vues de la sage nature* (2). Ce
sont à peu près ses expressions. Nous ne pren-
drons point part à cette querelle agronomique :
c'est à l'expérience à prononcer. L'auteur que
nous venons de citer, conséquent à son principe
que le pivot contribue à la bonne végétation de
l'arbre , à sa bonne santé , à sa plus longue existence et à la supériorité de son bois , n'hésite
pas à prôner les avantages des semis d'olives, ne

(1) Ouvr. cité, tom. I, préface, pag. xij et xiij; et chap. Ier ,
pag. 3 et 4, 11 et 12.

(2) Voy. l'article *pivot* dans le *Cours complet d'Agriculture* déjà
cité, tom. VII, pag. 146 et suiv.

leur trouvant d'autre inconvénient que celui de décourager les entrepreneurs par la longueur de la végétation de ces pépinières (10).

D'après la connaissance des progrès que font les oliviers provenus des olives portées dans les murailles par les rats, je conjecture qu'une pépinière par semis, faite à propos, convenablement placée et soigneusement arrosée, donnerait de beaux plants bien sains vers la dixième, douzième, ou quinzième année pour le plus tard. J'observe annuellement que ceux de ces jets qui ont acquis la grosseur d'une plume à écrire, viennent assez rapidement : il est à présumer qu'étant parvenus à cette grosseur, en pépinière bien entretenue, ils croîtraient tout aussi vite que la plupart de ceux qu'on élève sur de vieilles souches. Cet espace de temps ne doit point décourager ; car ceux qui n'ont pas su gouverner leurs touffes venues à la suite de l'hiver de 1809, ont commencé, seulement depuis deux ou trois ans, à avoir des plants parvenus à une grosseur convenable pour être transplantés, et encore sont-ils, la plupart, bossus, tortus, galeux, et couverts de mousse en très-grande partie.

Outre tant de raisons qui militent en faveur des pépinières à noyaux, l'économie nous en fournit une autre qui serait de pouvoir mettre à

(1) Ouvr. cité de l'abbé *Rozier*, tom. VII, pag. 212.

profit les intervalles qui séparent les rayons : il serait très-aisé, dans le cours des premières années, de recueillir, sur ce terrain intermédiaire, toute espèce d'herbes de jardinage.

On dit ordinairement qu'en mars tout se sème. Si j'avais un local propre à une pépinière à noyaux, je cueillerais mes olives au commencement de novembre, et dans la huitaine, je leur enleverais la pulpe, et les mettrais en terre : le courant de mars serait encore bon ; mais, en attendant, il faudrait avoir l'attention de les placer de manière qu'elles ne s'échauffassent pas.

Les semis ne donnent jamais une seule et même qualité, mais plusieurs variétés de l'espèce. « Des « olives prises d'un même arbre ont été semées « en 1812 ; aucun des sujets qui en sont prove- « nus ne se ressemblait par leurs feuilles ; au- « tant de sujets, autant de variétés différentes. « En 1818, un seul de ces sujets a donné du « fruit, mais du fruit bien inférieur à la qualité « semée. » Cette observation, insérée dans la Notice de M. *Coste de Frégeorgues*, sur les effets de la gelée de 1820, a donné lieu à une note de feu M. *Bosc* (1), où on lit qu'il est générale-

(1) Ancien inspecteur-général des pépinières, professeur au jardin du Roi, membre de l'institut, mort le 11 juillet 1828. Il avait entrepris un grand travail sur les vignes de France qu'il étudiait depuis long-temps, dans des voyages multipliés. La mort l'a empêché de finir cette tâche. Il a été regretté de tous les savans, amis de l'agriculture.

ment reconnu que la plupart des arbres soumis depuis long-temps à la culture , ne se reproduisent jamais exactement semblables par le semis de leurs grains (1). Ce fait est connu de toute ancienneté , et c'est pour éviter ses conséquences , qu'on greffe les olives venues de noyaux.

Les sujets venus de semences offrant un long pivot et moins de racines latérales seraient-ils , étant parvenus à un certain degré de force , plus propres que les autres à braver les froids rigoureux? C'est ce qui paraît assez probable. M. *D'Hombres-Firmas* , correspondant du Conseil d'Agriculture à Alais , parle de deux jeunes oliviers de 4 centimètres au plus de diamètre , provenus de noyaux , et qui n'ont été ni transplantés ni greffés , lesquels ne perdirent que leurs feuilles , au milieu d'une olivette et d'un canton ravagé par la gelée de 1820 (2).

V. *Pépinières par boutures.*

L'olivier prend racine par toutes ses parties, excepté par les feuilles. Aucun arbre n'a une plus grande tendance à bourgeoner ; la nature , dit à ce sujet l'Abbé *Rozier* , veut , sans doute , le dédommager de la lente production des semis. Cet agronome a fait lui-même plusieurs expériences en mars et avril , desquelles il résulte :

(1) Voy. l'article *variété* du *nouveau Dictionnaire d'Agriculture* , imprimé chez *Déterville.*

(2) Voy. son Mémoire sur la mortalité des oliviers en 1820 , dans le département du Gard.

1° Que des branches plantées perpendiculairement, et dont les tiges avaient depuis un pouce hors de terre jusqu'à deux pieds ;

2° Que des branches plantées avec leurs rameaux, dont les rameaux ont été mis en terre en manière de racine ;

3° Que des tronçons de branches, depuis huit, douze à dix-huit lignes de diamètre, en bois jeune et très-sain, ayant à peu près dix-huit pouces de longueur, plantés perpendiculairement à douze, dix et neuf pouces de profondeur ;

4° Que des tronçons sur un pouce de diamètre, et de huit à douze pouces de longueur, également jeunes et sains, ayant été couchés horizontalement et recouverts de terre à des profondeurs inégales ;

On a obtenu des racines de tous ces modes de plantation, bien que tout ce qui avait été planté n'ait pas réussi (1).

La multiplication de l'olivier par bouture n'est ni pratiquée, ni connue dans nos contrées. Dans la Marche d'Ancône, sur le littoral de l'Adriatique, on coupe de jeunes branches de la grosseur du pouce, on les met en terre à un pied et demi de profondeur, et on les laisse sortir seulement de deux pouces : on choisit un endroit exposé au Nord. La première

____

(1) Voy. ouvr. cité de l'abbé *Rozier*, tom. VII., pag. 214.

année, la végétation de ces tronçons est peu
active ; mais elle devient successivement plus
apparente les années suivantes. On ne les arrose pas, mais on les cultive avec soin ; on
ne touche point à leurs pousses jusques à la troisième année révolue. Ces pépinières qui prospèrent dans ce climat sans être arrosées, ne réussiraient point chez nous. Dans la Marche d'Ancône, les nuits d'été sont fraîches ; on n'y connaît presque point les vents septentrionaux ; le
terrain y est moins aride que le nôtre, si bien
que sur les hauteurs comme dans la plaine, les
osiers (*Salix satica* T. ; *Salix vittelina* L.) ont
le tronc aussi grand et aussi fort que les saules
qui bordent les eaux.

A Naples, on arrache un bel olivier, on en
scie le tronc en quatre, laissant à chaque seg-
ment son contingent de souche, et ce sont quatre plants qu'on met en terre. On a l'attention
de tourner les coupures vers le Nord et de les
empailler afin que le soleil ne les dessèche pas.
J'ai fait cette expérience en 1780. Un olivier
dont le tronc était à plus de moitié pourri depuis
le haut jusques en bas, de même que sa souche,
fut arraché et purgé de tout ce qu'il avait de cor-
rompu ; je le mis en terre, je revêtis de paille
la coupure que je rendis septentrionale ; cet arbre, réduit tout au plus au tiers de sa grosseur,
reprit à merveille, travailla avec vigueur, et

commençait à produire lorsque l'hiver de 1789 le fit périr comme tant d'autres ; sans doute , il serait devenu un bel olivier.

Dans la Rivière de Gênes , le long de la mer , on voit des haies vives d'oliviers qui sont si épaisses et si épineuses qu'un chien de chasse a bien de la peine à les percer. On les fait par souchets , ou bien encore par petits plants qu'on ne juge pas bons à être mis en place. On les fait devenir épaisses au moyen d'une et quelquefois de deux tailles annuelles , comme on le pratique pour les haies d'aubépine ; et bien qu'elles soient si fournies et si hérissées , elles ne laissent pas que de donner quelques olives qu'on abat avec une gaule quand elles sont en dedans, car la main n'y pourrait atteindre sans égratignure. Toute sorte d'oliviers est apte à former des haies , car toutes les espèces sont susceptibles de devenir buissonneuses , quand l'arbre a souffert de quelque manière : toutefois , le *soureau* est sans contredit l'espèce la plus propre à cet usage , vu qu'elle se hérisse plus facilement , s'épaissit davantage et reste plus long-temps à se dresser et à prendre sa bonne feuille.

Des auteurs ont conseillé de faire des boutures en couchant les branches en terre. « Les branches « choisies entre celles provenant des arbres éla- « gués, sont couchées et plantées avec un égal suc- « cès, c'est-à-dire, dans une terre déjà ameublie

« par plusieurs cultures , améliorée par quelques
« engrais , pas trop humide mais fraîche , ou du
« moins , disposée pour un facile arrosement.
« Dans cette terre , dis-je , on couche actuelle-
« ment (février 1821), à la profondeur d'un
« demi-mètre , des branches à peu près de la
« grosseur du bras et d'une longueur quelcon-
« que , mais droites , autant que possible , pour
« qu'elles soient plus également assises. Chacun
« des yeux de la branche aura donné , à la fin
« de l'automne , des jets d'environ un tiers de
« mètre ; après cinq ans , c'est - à - dire , à la
« sixième année , la branche sera déterrée dans
« toute sa longueur , et avec une hache ou une
« scie , on en fera autant de portions qu'il y
« aura de pousses : chacune avec ses racines sera
« transplantée dans la place préparée pour la
« recevoir. Il est entendu que si les jets étaient
« trop rapprochés , on les élaguera de manière
« que chacun ait un tronc d'environ six pou-
« ces » (1).

En Espagne , près de Séville , on prend une
branche d'olivier jeune , saine et grosse comme
le bras , on partage en quatre son extrémité inférieure et en manière de croix , sur une longueur de six à huit pouces ; une petite pierre
placée au milieu tient écartés les quatre mor-

____

(1) Voy. la Notice déjà citée de M. *Coste de Frégeorgues.*

ceaux résultant de l'incision cruciale. Cette branche est ainsi plantée à la profondeur de deux
pieds (1).

Il paraît, d'après le témoignage occulaire de
Lacerda (2), qu'en Espagne, on voit des oliviers dont la multiplication est due aux éclats
d'un vieux tronc ; c'est ce que *Virgile* a exprimé dans ces deux vers des Géorgiques (*lib.* 2.) :

> Quin et caudicibus sectis (mirabile dictu!)
> Traditur è sicco radix oleagina ligno.

Ce procédé consisterait à enterrer les éclats
d'un vieux tronc d'olivier qu'on aurait extirpé.
Bien qu'on l'ait dit, il y a plusieurs siècles, je
ne sache pas que cette méthode ait été adoptée.
Elle peut être bonne, mais elle demande trop
de soins, pour qu'elle soit introduite dans la
pratique usuelle.

VI. Ce qui précède est une preuve que toutes les
parties de l'olivier sont aptes à la reproduction de
cet arbre : absolument parlant, tous ces modes de
multiplication sont bons. Suivant *Columelle*, il
faudrait donner la préférence aux plantations faites avec ce que les anciens désignaient sous le
nom collectif de *truncus* ; car, il dit quelque

____

(1) Ouvr. cité de l'abbé *Rozier*, tom. VII, pag. 215.

(2) Commentaire sur *Virgile*.

part : *Meliùs truncis quàm plantis olivetum cons-
tituitur* ; or , *truncus* signifie ici , non-seulement
le corps , mais encore les diverses parties d'un
arbre. C'est dans ce sens que *Virgile* s'exprime
au second livre des Géorgiques ; *sed truncis oleæ
meliùs , propagine vites respondent*. Suivant
l'abbé *Rozier* , le mode de multiplication le
moins casuel serait de placer horizontalement en
terre les tronçons des branches et des racines.
« Lorsqu'on arrache , dit-il (1) , lorsqu'on dé-
« plante un olivier , on a la barbare coutume de
« ne lui laisser que sa souche , et d'en séparer
« toutes les racines. Ces morceaux de racines
« doivent être conservés avec soin , afin de for-
« mer des pépinières. On les divise sur une lon-
« gueur de neuf à douze pouces , et on les en-
« terre à la profondeur de quatre à cinq. Au-
« cune espèce de boutures , aucune méthode n'a
« eu chez moi un succès plus décidé que celle-ci :
« je la conseille donc , d'après ma propre expé-
« rience. Il est peut-être possible , cependant ,
« qu'elle ne réussisse pas partout également ;
« mais pour espérer de réussir , il faut être aussi
« soigneux que je l'ai été. » M. *Terris* , correspondant du Conseil d'Agriculture à Forcalquier
(Basses - Alpes) , ne veut pas qu'on répare le
mal des hivers avec du plant crû sur les souches,

(1) Ouvr. cité, tom. VII, pag. 216 et 217.

mais avec celui provenant des bonnes racines ;
en quoi, feu M. *Bosc* est d'accord avec lui, ainsi
que M. *Salvator*, membre de la Société d'Agriculture de Digne. Cependant voici ce que j'ai
observé contradictoirement à l'assertion de ces
agronomes. Il y a environ vingt-quatre ans,
ayant fait creuser des trous pour remplacer des
oliviers qui avaient été dégradés par différens
hivers, je remarquai que plusieurs racines vives
aboutissaient aux trous en question, et qu'aucune
d'elles ne fit des rejetons, quoique ces creux
fussent restés ouverts pendant long-temps. J'ai
observé aussi que les racines qui sortent de terre,
pour avoir été coupées et émues par le soc de la
charrue n'ont pas poussé non plus, bien qu'at-
tenantes à des oliviers très-sains et très-vigoureux ; l'olivier ne serait donc pas très-susceptible
d'être multiplié par ses racines, comme le disent
des auteurs du plus grand poids.

VII. Quoi qu'il en soit, voici quelques préceptes relatifs à la manière de gouverner les pépinières en général. Les terrains sujets aux trop
grandes humidités ne leur conviennent nullement, de quelque manière qu'elles soient éta-
blies. Il leur faut un sol profond, impropre à
favoriser les surgeons, abrité contre les vents
du nord, et généralement arrosable de quinze
en quinze jours. Quant à la taille ou émondage,
toutes les espèces de pépinières doivent être

laissées à elles-mêmes pendant trois ans entiers ;
on observera du reste à leur égard , ce qui a
été déjà prescrit touchant la taille des touffes et
des rejetons qui viennent sur les souches après
la récison du tronc. On ne s'écartera jamais ,
par rapport à l'olivier, de la maxime cardinale :
menez-le lentement , pour le faire aller vite.

VIII. L'olivier est un arbre d'une végétation
lente ; mais , comme l'a fort bien dit M. *de
Gasquet* , correspondant du Conseil d'Agriculture du département du Var, rien n'a plus contribué à lui donner cette réputation que l'ha-
bitude fréquente où l'on était de ne faire les
plantations qu'avec des plants arrachés au pied
des vieux arbres. La variété des plants de pépinières que l'Administration , malgré tous ses efforts , n'était jamais parvenue à faire établir ,
était le motif de ces plantations vicieuses , où
les oliviers ne réussissaient jamais qu'en partie ,
et lorsque de très – grands soins se trouvaient
joints à des années favorables. Il y avait toujours
une différence prodigieuse dans la végétation
d'un olivier de pépinière et qu'on transplantait
avec un bel empâtement de racines , et celle
d'un rejeton qui était adhérent à un vieux cep ,
d'où on était obligé de le séparer par un coup
de hache , ce n'était bien souvent qu'une bouture. Le Gouvernement devrait accorder une
prime d'encouragement pour chaque plant que

le cultivateur de pépinière fournirait aux agriculteurs. Le Gouvernement seul peut arrêter la dépopulation inévitable des olivettes, en faisant établir des *pépinières départementales*. Quelle voix assez éloquente pourra retentir au pied du trône, pour lui exposer les malheurs toujours croissans qui menacent nos belles plantations d'oliviers ? Le marquis d'*Argenson*, Ministre des affaires étrangères sous *Louis XV*, s'écrie dans un moment d'indignation philanthropique : « A commencer par le Roi, plus on est grand « à la Cour, moins on se persuade aujourd'hui « la misère de la campagne : les seigneurs des « grandes terres en entendent bien parler quel- « quefois, mais leurs cœurs endurcis n'envisa- « gent dans ce malheur que la diminution de « leurs revenus. Ceux qui arrivent des provin- « ces, touchés de ce qu'ils ont vu, l'oublient « bientôt par l'abandon des délices de la capi- « tale. *Il nous faut des ames fermes et des cœurs* « *tendres pour persévérer dans une pitié dont* « *l'objet est absent.* » La question des pépinières est digne de toute l'attention des Conseils généraux des huit départemens où l'on cultive l'olivier. Si l'on parvenait à avoir des espèces capables de résister à un froid de 9 à 10 degrés au-dessous de la glace, on rendrait à la fois un grand service à l'agriculture et aux manufactures de draps, qui trouveraient de nouveau, dans le midi de la France , l'huile nécessaire pour la préparation des laines ; on préviendrait ainsi la sortie de la grande quantité de numéraire que le commerce Français est obligé de verser en Espagne , en Italie et dans le Levant , pour se procurer les huiles dont il a besoin (1). Ainsi les avantages d'une pépinière par département et même par arrondissement sont suffisamment démontrés par les besoins pressans de l'agriculture et du commerce , deux principaux soutiens d'un État.

La position la plus chaude, la plus fertile ne conviendrait pas à une pépinière de ce genre, comme elle convient à une pépinière marchande. Ceux qui achètent des arbres ne manquent jamais de les prendre dans un terrain plus maigre que celui dans lequel ils veulent les mettre à demeure. On ne peut que blâmer les tenanciers qui croient bien faire en faisant venir , pour le Gard ou le département de Vaucluse , des plants qui sont originaires d'Hières ou de la partie la plus méridionale. M. *Thouin* , professeur de culture au Jardin du Roi , dit positivement que l'exposition d'une pépinière dans le Sud de ce royaume,

(1) Voy. la lettre de M. *Imbert de Vitry*, secrétaire-général de la Préfecture du département des Landes, à S. E. le Ministre de l'intérieur, sur la mortalité des oliviers pendant l'hiver de 1820.

doit être celle du Nord (1) ; c'est dans ce sens que M. *D'Hombres - Firmas* a proposé d'établir la pépinière du Gard à Alais, qui est au Nord du département, au pied des Cevennes.

Il serait bon d'élever dans les pépinières départementales, les espèces délicates greffées sur sauvageon. Il ne faudrait pas que les jeunes plants vinssent à force d'eau, de fumier et de travail, comme dans les pépinières ordinaires. L'expérience a démontré que ces jeunes plants ainsi élevés, dépérissaient sensiblement quand on les transplantait sur des terres tout - à - fait différentes de celles où on a commencé leur éducation ; dans ce cas, faudrait-il, du moins, recevoir le jeune olivier dans son nouveau domicile, en lui offrant l'engrais et la culture qu'exige une terre faible.

(1) *Instruction sur l'Etablissement des Pépinières*, rédigée par M. *Thouin*, sur la demande de S. E. le Ministre de l'intérieur.

CHAPITRE III.

Transplantation.

La transplantation des oliviers exige trois précautions, dont la première regarde la mère-souche de laquelle on sépare les plants ; la seconde concerne les scions qu'on veut transplanter , et la troisième est relative au terrain qu'on leur destine pour siége.

I. La souche primitive et majeure mérite qu'on la conserve autant que possible ; ainsi , quand on veut en séparer les scions , on découvre tout autour d'eux un espace suffisant pour pouvoir examiner les diverses sinuosités formées par les intervalles des protubérances ; et , ayant trouvé le point le plus favorable pour opérer la sépara-

tion , on fait , à petits coups de hache, une en-
taillure propre à recevoir un ou plusieurs ciseaux
de la longueur d'un pied ou à peu près ; on
frappe ensuite avec le maillet sur ces coins, tantôt sur l'un , tantôt sur l'autre , à coups égaux
et non trop forts ; bientôt une partie de la souche attenante au plant se trouve avec lui séparée de la mère, sans que ni l'une ni l'autre ait
les *noix* mutilées. M. *Laure* , correspondant du
Conseil d'agriculture à St-Pons (Hérault), insiste
sur la nécessité de ne pas meurtrir les protubérances ou bosses qui sont sous terre : « Il faut
« surtout, dit-il , n'enlever , autant que possi-
« ble , que le bois racineux qui appartient à
« chaque plant, ce que reconnaîtra un ouvrier
« intelligent en ébranlant fortement l'arbre après
« qu'il aura été travaillé, soit avec un levier, soit
« avec la hache ou avec des coins en fer : cette
« opération mérite la plus scrupuleuse attention.
« Le bois du tronc qui n'appartient pas à un
« jeune sujet , le gêne quand il est transplanté ,
« couvre les protubérances et l'empêche de
« pousser des racines qui ne peuvent sortir de
« dessous qu'après que les parties étrangères ont
« été pourries : il en est de même du bois mort
« appartenant au vieux tronc ; on doit aussi
« l'extraire avec précaution , pour ne pas meur-
« trir les racines » (1).

(1) Voy. le *Mémoire* de M. *Laure*, en réponse aux questions

Pour conserver la souche fondamentale , il faut encore avoir l'attention de laisser à ses alentours le nombre d'*attaches* suffisant pour bien pomper la sève dont elle abonde ; à cette fin , on a égard au plus ou moins d'espace qu'elle occupe : la plus petite souche demande deux nourrissons ; on en donne trois aux médiocres , et quatre , soit même cinq aux plus étendus. Ces nourrissons doivent être laissés , autant qu'il se peut , dans un pareil éloignement l'un de l'autre ; par ce moyen , la mère - souche distribue également la nourriture qu'elle contient , dans les noix ou tubérosités dont elle est formée ; elle se soutient elle-même dans son état de fraicheur , et , restant saine dans toutes ses parties , elle alimente sans peine la petite famille qui dépend d'elle. De là résulte l'avantage d'avoir sur la même souche plusieurs pieds d'oliviers au lieu d'un , lesquels prospèrent comme ceux qui sont seuls , si on leur donne de l'engrais proportionnément à leur étendue.

Ne laisser qu'une seule attache a la souche , est une faute assez commune, de laquelle pourtant on commence à se corriger , soit parce qu'on s'est convaincu que la souche dépouillée d'un trop

proposés par S. E. le Ministre de l'intérieur , dans sa lettre du 31 janvier 1821 , adressée à divers membres correspondans du Conseil d'agriculture, sur la culture de l'olivier et les effets produits par la gelée sur cet arbre.

grand nombre de nourrissons , se dessèche ou
se pourrit à cause de la viciation de la sève qui
ne suit plus son cours ordinaire (car comment
une seule attache pourrait-elle aspirer les sucs de la
partie de la souche qui sera éloignée d'elle de deux
à trois pieds ?) ; soit encore parce qu'on s'est
aperçu que la tige laissée isolée ne fait presque
pas de progrès , résultat dont l'explication facile
ne sera point exposée ici pour éviter de fasti-
dieuses répétitions. La partie de la souche qui
n'est point dégorgée , se desséchant et se pour-
rissant , préjudicie à celle qui l'avoisine , et
empêche la tige de se faire de nouvelles racines
et de nouvelles tubérosités pour fournir à son
accroissement. L'expérience n'a laissé aucun
doute à cet égard ; il y a plus de quarante ans
que , me trouvant dans le cas de remplacer un
grand nombre d'oliviers morts , je crus devoir
ne laisser qu'un seul nourrisson à quelques-unes
des souches desquelles je tirai les plants. Qu'ar-
riva-t-il ? Ces nourrissons isolés cessèrent de
croître : l'hiver de 1789, les fit périr tous , à
l'exception d'un seul qui , par sa chétive végétation , ne fit que me convaincre encore plus de
mon erreur ; cet arbre donne beaucoup de fruit ,
eu égard à sa petitesse ; mais tout productif
qu'il est, il ne croît presque point , ni par le
tronc , ni par les branches. Si j'avais voulu faire
un *arbre nain* , je n'aurais pas mieux réussi.

Sorti de terre depuis environ un demi-siècle, il est beaucoup moins grand que les attaches venues vingt ans plus tard que lui, lesquelles avaient été laissées sur la souche - mère au nombre de deux, trois, quatre et même cinq. Je fus instruit également par une faute de mes travailleurs ; lors de la plantation des attaches venues après le froid de 1789, s'étant trouvés seuls toute une journée, ils opérèrent, selon leur façon de penser, qui est qu'une mère nourrit mieux un enfant que deux ; ils abattirent les plants de cinq souches, et n'en laissèrent qu'un à chacune d'elles ; les reproches que je leur adressai furent fondés ; car, ces cinq plants sont restés à peu près dans le même état où ils étaient à cette époque, leur accroissement a été presque nul ; ceux qui furent plantés le même jour ont acquis un tronc beaucoup plus gros et des branches plus étendues. Il est vrai que les plants laissés isolés sur la souche, donnent du fruit en proportion plus que ceux qui ont été transplantés ; mais peu importe, ces derniers deviendront de grands arbres, et les autres seront toujours rabougris. Que ferai-je de ceux-ci ? je les arracherai et les transplanterai ; de cinq, j'en laisserai un sur la souche-mère, il sera de la taille de celui dont j'ai parlé plus haut, et j'aurai ainsi deux parfaits modèles d'*oliviers nains*.

Mais revenons à la conservation de la souche

principale et des attaches qu'on lui confie. Quand
on en a séparé le plant , on a soin de la débar-
rasser du bois pourri ou desséché. Quelques années après on réitère la même opération à son
égard , et l'on ne touche aucunement au bois
blanc et sain ; on choisit pour cela le temps où
l'on creuse autour de la souche pour la fumer.
Il est essentiel de s'opposer au méphitisme qui
s'exhale de la pourriture et corrompt la sève.

Il arrive quelquefois qu'une souche privée du
tronc ne produit qu'un rejeton , ou que , si
elle en a produit plusieurs , ils sont accidentel-
lement abattus par les vents ou par la charrue ,
à l'exception d'un seul. Ce rejeton croît isolé (la
mère n'en pousse plus d'autres) ; supposez qu'il
ait crû jusques à la grosseur requise pour être un
bon plançon, qu'il donne du fruit en abondance ,
et que , bien qu'il soit vert et vigoureux , il ne
prenne plus d'accroissement, faudra-t-il l'arracher
et le transplanter ? Dès qu'on s'aperçoit qu'une
pareille attache s'arrête dans sa croissance , on
visite la souche , on la nettoie comme il a été
dit : si , malgré cette précaution , l'attache reste
olivier nain , il faut l'arracher et la transplanter , elle reprendra ; dans l'espace de neuf à
dix ans , elle aura des branches aussi étendues
que celles qu'elle aura perdues , et vous pourrez
vous flatter avec certitude de la voir devenir un
grand arbre. Quant à la souche , on l'arrache ,

en faisant d'abord un grand creux ; on extirpe ensuite toutes ses racines autant que possible ; le bois qu'on obtient par ce travail est assez abondant pour payer généreusement les frais de la transplantation, et on a d'ailleurs une place pour un autre olivier qui ne manquera pas de réussir. Je n'ai point expérimenté si en ce même emplacement on pourrait, sans risque, replanter une attache qui y aurait autrefois habité sur la souche-mère.

Pour l'ordinaire, une souche à laquelle il n'est resté qu'une attache, n'en pousse plus d'autre ; si elle donnait des rejetons, bons ou mauvais, il faudrait les laisser ; peut-être, à la longue, détruiraient-ils les inconvéniens de la stagnation des sucs, et deviendraient-ils eux-mêmes des arbres. Mais il conste que les souches qui ont gardé un nombre convenable d'attaches, poussent quelquefois d'autres jets propres à être arrachés dans une seconde levée de plants.

II. Lorsque le plant est séparé de la souche, il exige aussi, à son tour, quelques précautions. D'abord, quelle doit être sa hauteur ? Quand il est transplanté, il ne faut pas qu'il s'élève de terre de plus de quatre pieds et demi, il courrait grand risque de ne point reprendre, à moins qu'il ne fût arrosé, ou, s'il reprenait, il ne pousserait pas avec vigueur.

Quant à la grosseur, nous tirons les plants

de leur souche lorsqu'ils ont seize lignes de diamètre , coupés sous les branches à la hauteur qu'on désire. Si on les plante plus petits , ils ne reprennent pas si bien.

Quelle que soit la grosseur des jeunes pieds , il faut que les uns et les autres , 1° soient sans fourchure , de peur d'être exposés à être ébranlés par la charrue , et de présenter trop de surface à l'action dessicative du grand air et du soleil ; 2° qu'ils offrent une coupure unie et fraîche : il est arrivé quelquefois qu'on a étêté certains plants, soit pour accélérer leur accroissement (ce qui est très-mal à propos), soit pour d'autres raisons ; ces plants mis en place avec leur coupure sèche n'ont pas repris, ou, s'ils ont repris , n'ont donné que de très-faibles pousses : quand pareille faute a été commise , le mieux est de les arracher l'année d'après , de leur couper tout ce qui est sec jusqu'au vif , et de les replanter : ils reprendront alors et croîtront vigoureusement.

Avant de planter un olivier , on doit commencer par enlever le bois sec ou pourri de la portion de souche qu'on lui a laissé ; on en ôte également tout le chevelu et tout ce qui donnerait à la souche une grosseur superflue. Le plant adhérent à une base de dix à douze pouces de diamètre , ne manquera pas de reprendre s'il est bientôt mis en terre. Les jeunes attaches reprennent avec moins de souche que les vieilles ,

et il est démontré que les unes et les autres qui
en auraient trop ne reprennent point , ou du
moins , meurent quand elles sont arrivées à l'âge
d'arbre fait. En voici la preuve que je puise dans
une communication épistolaire que m'adressa , il
y a quelques années , feu l'abbé *Charravin* :

« En 1774 , je fis , m'écrit-il , une plantation
« assez considérable ; sur le nombre des plants ,
« certains avaient trop de base , d'autres n'en
« avaient pas assez ; je fis diminuer la souche
« des premiers , laissant pourtant pour essai ,
« quatre jeunes sujets avec une souche irrégu-
« lière , à laquelle adhéraient des tronçons bien
« sains ; après avoir langui plusieurs années , ces
« quatre oliviers sont morts , ils étaient devenus
« aussi gros que les autres ; ils firent du fruit
« plutôt , et néanmoins je ne pus les sauver ni
« par l'émondage annuel , ni par le ravalement ,
« ni par l'étêtement. Le premier fut arraché à sa
« dix-huitième année, le second à sa vingtième ,
« et les deux autres un peu plus tard ; je m'en
« suis bien assuré , j'ai trouvé à la souche de
« chacun d'eux les tronçons que je leur avais
« laissé. Je me rappelle qu'un vieillard , le chef
« des ouvriers , n'était pas de mon avis ; ces
« tronçons qui s'allongent hors de la souche , di-
« sait-il , quoiqu'ils soient bien sains , ne pous-
« seront pas de racines ; ils dessècheront , pour-
« riront et gâteront l'olivier . L'événement a

« prouvé que cet homme avait raison. La même
« leçon m'a été répétée par d'autres cultivateurs.
« Ainsi, les grandes souches ne font que très-
« peu de racines, et nuisent essentiellement à
« la prospérité de l'arbre. »

Mais il peut se faire qu'en séparant avec dé-
chirement les plants d'avec la souche primitive,
ceux-ci n'aient presque point de base. Or, voici
ce que j'ai observé moi-même : mes travailleurs
ayant arraché de cette manière quatre beaux
plants d'oliviers, ne leur laissèrent qu'une étendue de souche qui aurait suffi, tout au plus, pour
des sujets de pépinière ; je les fis planter, ils
poussèrent la première année : je fus surpris de
les voir donner signe de vie ; l'année d'après et
les suivantes, ils travaillèrent mieux ; ils restèrent hérissés l'espace de six à sept ans, ils prirent enfin, leur bonne feuille, ils montèrent
droit et donnèrent du fruit plus tard que les
sujets plantés d'après les bons principes. Depuis
quelques années, ils sont les plus beaux et les
plus fertiles de la même plantation. Il suit de là
qu'il vaut beaucoup mieux qu'un plant d'olivier
manque considérablement de souche que s'il en
avait trop.

Un plant attenant à la souche d'un olivier mort
qu'on arrache pour être brûlé, réussirait-il quoique lui-même fût bien malade, bien jaune, et
commençât à perdre ses feuilles ? L'expérience

va encore répondre à cette question : je fis planter, il y a environ dix ans, une attache pareille, elle reprit et fit des pousses vertes mais
courtes la première année et la seconde ; dès
lors, elle a végété avec autant de force que les
plants qui, à la même époque, furent mis à
demeure avec toutes les précautions requises.
J'ai répété plus tard cette épreuve sur six autres
attaches de la même catégorie, tout annonce,
qu'un jour elles seront de beaux arbres. Ces
sortes de plants sont d'ordinaire les restes des
hivers rigoureux ; on les plante quand on les a
dans son propre fonds ; mais quand on achète
les sujets, on exige en eux la réunion de certaines qualités.

Or, un beau plant d'olivier doit être vert,
droit, sans fourchure, luisant, sans gale ni
bosse ; on demande qu'il soit provenu de sujet
franc, pour qu'il ne soit pas nécessaire de le
greffer. Un plant couvert de mousse, à écorce
grossière, indique qu'il a souffert ou qu'il est
vieux ; néanmoins, il ne faut pas toujours le rejeter ; la bonne culture, aidée de saisons favorables, l'aura bientôt rajeuni.

Deux travailleurs sont indispensables, lorsqu'il s'agit de planter un olivier, l'un le tient
droit et ferme sans vaciller ; l'autre, armé d'une
cheville pointue d'un bois dur, d'environ un
pied et demi de long, introduit la terre dans

les sinuosités de la souche et l'y pousse dans tous les sens , il la couvre ensuite de trois ou quatre pouces , et presse légèrement la terre avec les mains. On remplit enfin l'excavation , en ayant soin de tasser un peu la terre vers le tronc , et de laisser une petite dépression pour recevoir et contenir les eaux pluviales. Pendant ce temps , un des travailleurs empêche que le le plan n'éprouve la moindre secousse.

Ainsi que le fait remarquer M. *Imbert de Vitry* (voy. sa lettre déjà citée), quand l'arbre est planté et qu'on remplit de nouveau les fosses, il faut , autant que possible , éviter d'y rejeter les terres qu'on en a extraites ; c'est de la terre prise dans le voisinage qu'il faut y porter ; cette terre bien meuble , bien amendée et rechauffée par l'action du soleil , est plus propre à la végétation que la terre crue tirée des fosses.

Faut - il fumer l'olivier quand on le plante ? En 1796 , un de mes amis accompagna la plantation d'une trentaine d'oliviers , avec du fumier fait de fiente de bêtes de labour et adouci avec du thym , de la lavande , des feuillages et des herbes de toute espèce ; ces oliviers s'en trouvèrent si bien que, la première année , ils ressemblaient à des plançons de saule mis dans un bon terrain au bord de l'eau , et jusques à aujourd'hui ils ont surpassé les autres en accroissement. Ceux qui fument leurs oliviers en les plantant, réussissent lorsque l'été suivant est pluvieux ; mais si cette saison est trop aride, comme il arrive le plus souvent dans notre climat, le fumier ne peut que les brûler. Pour éviter cet inconvénient, on doit modifier l'engrais par un mélange de terre, et le placer dans la fosse à une certaine distance du plant. Si, la première année, les racines ne parviennent pas jusqu'à cette couche, elles ne manqueront pas d'en profiter sans risque l'année d'après, parce qu'alors le fumier sera devenu terreau. L'engrais qu'on tire des fossés le long des bandes ou des bois, est très - bon pour l'olivier. Il en est de même de celui qui se compose de sommités et feuillages des arbustes, et qu'on néglige souvent, bien qu'on le trouve sur le sol même où l'on doit faire la plantation.

III. Il ne suffit point d'avoir étudié la manière de traiter la souche-mère et les plants qu'on en sépare, il faut encore porter son attention sur le terrain, l'exposition et la température qui conviennent à l'olivier ;

1° *Virgile*, au livre second des Géorgiques, a assez fidèlement assigné à l'olivier le *terrain* qui le fait prospérer, quand il dit :

Difficilis primùm terræ collesque malignis,
Tenuis ubi argilla, et dumosis calculus arvis,
Palladiâ gaudent sylvâ vivacis olivæ.
Judicio est tractu surgens oleaster eodem
Plurimus, et strati baccis sylvestribus agni.

Les terres caillouteuses et celles qui reposent sur les rochers, les terres argileuses mais sabloneuses, les terres fortes mais divisées par un mélange de gravier, les terres douces, profondes et arides, celles que les eaux pénètrent facilement, les terres enfin à base calcaire mais graveleuses et mêlées avec de l'humus, sont celles où l'olivier croît avec succès. *Vanière* a bien rendu cette idée : *Qui... exilis ager... nec sabulo macer est, glebâ nece pinguis opimâ, ille ferax olearum* (1).

Quant à la marne, c'est une sorte d'argile qui a trop de feu pour servir à la végétation, si elle n'est tempérée par des terres d'une autre qualité. Les marnes sont de plusieurs couleurs : celles que nous avons dans quelques-uns de nos fonds, sont blanches ; on les découvre en faisant un fossé, ou par une culture suffisamment profonde ; la coupe du terrain en présente les diverses assises, tantôt en peloton disseminés çà et là, tantôt en couches assez minces et souvent interrompues. Si l'on répand de l'eau sur la marne, elle se dissout en bouillonnant avec dégagement de fumée comme la chaux : il serait à souhaiter que nous en eussions en assez grande quantité pour être portée à nos vignes et à nos guerêts ; elle leur servirait d'engrais comme

____

(1) *Vid. Prædium rusticum Jacobi Vanierii, lib.* v.

dans bien d'autres pays. Mais il n'en est pas de même de la marne respectivement à l'olivier. En 1806, je fis planter quatre-vingt-dix pieds de cet arbre dans un terrain-vigne dont la moitié de la contenance est marneuse ; toutes les attaches reprirent et poussèrent avec une égale vigueur ; la différence dans l'emplacement n'en apporta aucune dans les progrès de mes oliviers pendant le cours de la première année. Pendant le printemps de la seconde, je ne m'aperçus pas que les unes eussent plus travaillé que les autres ; mais au mois de juin, plusieurs des attaches plantées dans la marne cessèrent de pousser, et presque toutes furent languissantes au mois d'août ; alors une pluie abondante qui, ce me semble, aurait dû les faire reverdir, opéra un effet tout contraire à mon attente ; le dépérissement fut progressif et général ; je vis les feuilles se courber en tuile et blanchir. Sans doute, cette pluie avait pénétré jusques au fond des fosses et y avait porté avec trop d'abondance le feu de la marne. Vers le milieu de septembre, de nouvelles pluies trouvant la marne déjà détrempée, en amortirent probablement l'énergie, et redonnèrent par le mélange la vie à cette partie de ma plantation. Depuis lors, mes arbres reprenant leur première vigueur, m'ont convaincu de l'utilité qu'on peut retirer de la combinaison de la marne avec d'autres terres. J'ajouterai que,

lors de cette plantation , je fis arroser une des
attaches quelques jours après qu'elle fut mise à
demeure , je fis continuer cet arrosement pendant tout l'été; j'eus soin de briser la croûte
de la terre à mesure qu'elle se formait ; cette
attache ne poussa pas du tout, je la fis arracher
au commencement de novembre de la même année , et je vis que sa base était noire et brûlée
jusqu'à un demi-pied au-dessus. Une irrigation
qui serait faite avec les eaux d'un ruisseau abondant produirait-elle le même effet ? C'est ce que
je ne voudrais pas éprouver sur toute une plantation. J'attendrais deux ou trois ans pour profiter de ce précieux avantage ; les racines auraient alors eu le temps de se fortifier et de s'accoutumer au terrain marneux dont nous parlons.

L'olivier s'accommode fort bien des rochers
que recouvre une couche de terre assez épaisse
pour pouvoir être labourée. Une grande partie
des olivettes de Vaucluse , du Gard et de l'Hérault sont situées de cette manière , et ne laissent pas que d'être très-fertiles ; elles demandent,
il est vrai, plus d'engrais et de culture que celles
qui habitent des terres à blé. Bien plus , il est
des oliviers plantés dans le rocher , et dont le
pied est la seule partie qu'il soit possible de cultiver , et qui cependant sont beaux et d'un rapport satisfaisant. Il y a quelques années que j'en
fis planter une cinquantaine dans ces sortes de

fonds ; les fosses furent ouvertes avec une pointe en fer, ils sont vigoureux et promettent beaucoup. En faisant les excavations, on s'aperçoit que le roc est crevassé, et qu'il y a, dans les fentes, des couches de terre de toute espèce ; l'olivier s'en contente, ses racines s'insinuent partout, s'adaptent à toutes les sinuosités. Quand l'olivier meurt et qu'on l'a arraché, elles se conservent fraîches pendant plusieurs années : les olives qu'on récolte sur ces oliviers donnent de l'huile plus fine et en plus grande abondance.

Ainsi ce n'est point une terre forte qui convient à notre arbre. On a vu maintes fois des oliviers plantés dans des champs très-maigres résister à des hivers très-rudes, bien qu'exposés à tous les inconvéniens d'une fâcheuse exposition. On pense, avec assez de raison, qu'ils n'ont dû leur salut qu'à la pauvreté de leur sève. Malheureusement, il est rare en Provence que l'olivier n'ait pas quelque végétation même en hiver ; car, cet arbre est toujours couvert de feuilles. On sait, en effet, que les arbres toujours verts, excepté les résineux, sont surtout ceux qui ne peuvent supporter impunément les grands froids. Toutes choses égales d'ailleurs, les oliviers jeunes, beaux, bien soignés, bien fumés et le mieux taillés, ont plus à craindre des hivers rigoureux que les variétés négligées et les moins productives. C'est sans doute dans ce sens , que *Pline* a dit : *Nec infirmissimæ gelu periclitantur, sed maximæ.* (Lib XVII, cap. 24.)

Généralement parlant , l'olivier végète avec plus de vigueur et se développe mieux dans une terre fraîche , substantielle , et il rapporte beaucoup plus de fruit; mais ce fruit est d'une qualité inférieure , et l'arbre est plus sujet à la gelée. Il en souffre moins dans la terre sèche , légère , aérée , et son fruit y est plus estimé.

Les oliviers plantés à la même place où d'autres ont péri , prospèrent-ils ? Je vais répondre à cette question par une expérience qui m'est propre. Il y a environ vingt-quatre ans, que faisant faire des trous pour remplacer des oliviers qui avaient succombé à diverses époques , j'eus occasion de remarquer, en quelques-uns de ces trous , des souches tout entières sèches ou pourries ; en d'autres , on découvrait des racines encore vives qui y aboutissaient ; or tous les sujets remplaçans réussirent à mon gré , et rien ne démentit , pendant treize ans , les espérances que j'en avais conçues ; mais l'hiver de 1819, ne respecta ni leur jeunesse, ni leur vigueur. Ils ont , cependant , tous repoussé par leurs souches avec beaucoup de force ; ceux qui survécurent , en petit nombre , à cet hiver sont devenus de beaux arbres , chacun proportionnellement à la nature de leur terrain respectif. Il serait donc prouvé , par cette expérience , qu'on peut à la place d'un

olivier mort et arraché en planter sans risque
un autre. Qu'on se rappelle ce qui a déjà été noté
plus haut (voy. le paragraphe VI* du chap. 2ᵈ),
que l'olivier ne paraît pas très-susceptible d'être
multiplié par ses racines, quoiqu'en aient dit
l'abbé *Rozier* et d'autres après lui. Je sais qu'en
général dans une terre qui a été long - temps oc-
cupée par une espèce d'arbre , ceux de même
espèce qu'on y planterait y réussiraient mal , et
qu'on pourrait se promettre plus de succès en
les remplaçant par des arbres fort différens. Ces
considérations ont beaucoup fait écrire touchant
la non - identité de la sève pour tous les végétaux (1). On remarque que les plantes qui pivo-
tent (trèfle , luzerne), ne prospèrent pas dans
une terre où il y a eu d'autres plantes pivotantes (sainfoin), au lieu que les végétaux à racines traçantes y végètent à merveille. *Duhamel
du Monceau* pensait néanmoins qu'un terroir qui
est une fois bon pour une sorte de plantes , sera
toujours en état de lui fournir de la nourriture ,
pourvu qu'on le cultive convenablement. Aussi
n'ai - je jamais hésité , en renouvelant mes oliviers , à mesure qu'il en était besoin , d'en mettre d'autres aux places vacantes ; la seule précaution que j'ai prise , c'est , comme il a été
dit chap. 3ᵉ , § I , de faire de larges excava-

____

(1) Voy. l'ouvr. cité de *Duhamel du Monceau* , tom. I , chap.
IV , pag. 26 et suivantes.

tions et d'extirper , autant que possible , toutes les racines mortes ou vives. Je ne me suis pas encore aperçu qu'une pareille manière d'agir ait nui à mes plantations.

J'ai dit aussi en son lieu (§ premier de ce chap.) , que je n'ai point expérimenté si , à la place où on a arraché une vieille souche avec toutes ses racines , on pourrait impunément replanter une attache qui y aurait autrefois habité sur cette même souche. J'ai toujours observé de mettre en ces sortes de places un sujet d'espèce différente de celui qui avait été arraché.

En général , tout arbre qui passe d'un fonds gras dans un sol maigre , ne se trouve pas si bien que celui qui est transplanté d'une manière inverse. L'olivier déroge à cette loi comme à tant d'autres ; c'est l'arbre à paradoxes. La souche retenant comme un réservoir la subsistance qui est nécessaire à l'entretien de sa vie , il ne sera pas sensiblement affecté par un changement de domicile , de quelque part qu'on le tire. Un olivier qui quitte un fonds gras pour aller végéter dans un fonds mince réussira parfaitement , pourvu qu'on le plante convenablement, et qu'on lui donne les engrais qu'on a coutume d'apporter aux terres faibles. Beaucoup d'auteurs ont pensé qu'il convenait d'ensemencer les terres avec du grain recueilli dans un terrain plus maigre que celui qu'on cultive. L'agronome Anglais

Tull croyait, au contraire, qu'il fallait tirer les semences des meilleurs fonds. Nos fermiers sont assez dans l'usage de suivre ce dernier sentiment, ou d'acheter de préférence le blé des glaneuses, à cause de sa pureté ; c'est ainsi que, pendant long-temps on a fait venir de Tours, la graine de chardon d'Espagne ; celle de choux-fleurs, de Malte ; celle de melons, d'Italie ; celle de luzerne, du Languedoc, etc. (1). De pareilles précautions deviennent nulles par rapport à l'olivier : d'ailleurs, élevé dans les pépinières, il doit avoir été accoutumé à un terrain peu substantiel, et, si on le transplante, il ne sera pas difficile de l'acclimater dans un nouveau sol de nature quelconque.

Dans l'espace de plus de trente ans, j'ai fait planter à diverses reprises environ cinq cents pieds d'oliviers pris dans toute espèce de fonds ; j'ai dirigé la culture des uns et des autres avec impartialité, leur accroissement ne m'a offert jusqu'à présent, aucune différence notable. A la vérité, parmi quelques plants que j'avais fait venir de la Provence, il s'est trouvé une espèce qui n'a pas acquis la même grosseur que d'autres sujets plantés à la même époque et gouvernés de la même manière. Cette circonstance dépend sans doute de la nature des plants ; car j'ai eu occa-

____

(1) Voy. l'ouvr. cité de *Duhamel du Monceau*.

sion d'observer des olivettes complantées de la même espèce provençale, qui sont restées dans un état à peu près semblable à celui qu'elles offraient dix ans auparavant.

2° L'olivier aime les coteaux et les terres élevées, de manière pourtant qu'il soit à l'abri des grands coups de vents. L'*exposition* au midi ou du moins au levant, *à une élévation moyenne*, convient seule à cet arbre des climats chauds. Il ne redoute pas moins les terrains bas et trop abrités, que les terrains montueux et trop élevés. Dans la première de ces positions, l'arbre trop bien garanti de l'action des vents, ne peut se dégager du verglas qui, lorsqu'il tombe par un temps calme, lui est plus préjudiciable qu'un froid sec de deux degrés de plus ; on le voit alors succomber à une température de - 7° ou - 8° R. ; placé, au contraire, à de trop grandes hauteurs, l'olivier y est continuellement battu par un vent violent, les branches en sont meurtries, les bouts, que dans certains pays on appelle vulgairement *chimels*, sont lacérés et emportés, et l'arbre périt au même degré de froid, comme on l'a vu en 1789, 1793 et 1820, dans quelques arrondissemens. Planté à une hauteur moyenne, l'olivier résiste à - 9° ou - 10° et prospère très-bien (1).

(1) Voy. la lettre déjà citée de M. *Imbert de Vitry*. M. *Servezane*, correspondant du conseil d'agriculture à Uzès (Gard) a constaté

Notre arbre ne se plaît nullement dans un sol humide ; cet inconvénient peut se rencontrer même le long des coteaux et sur les lieux élevés. Comment rendre ces terrains propres à devenir olivettes? En 1799, il fut creusé, dans un terrain de cette espèce, un fossé d'environ trois pieds de large sur quatre et demi de profondeur; il fut porté dans ce fossé beaucoup de pierrailles et de roches brisées, et on en fit une couche épaisse de trois pieds, sur laquelle il fut mis deux pouces de menu gravier et de brisures de pierre de taille, on combla le reste avec de la terre. La couche intermédiaire entre la terre et les roches brisées devait empêcher l'eau de pluie, qui aurait lavé l'humus végétal, d'entraîner celui-ci dans les interstices de la couche inférieure. Le succès répondit à l'attente du propriétaire : deux rangées d'oliviers vieux ou de nouvelle plantation qui, à cause de l'humidité, étaient malingres et languissans, sont devenus l'ornement de la pièce dont ils font partie. Ce travail fut coûteux ; mais le tenancier en a été généreusement dédommagé par l'abondance du produit qui ne peut manquer d'être de longue durée. On sait, en effet, qu'un sol humide est une source d'en-

qu'en 1820 la mortalité des oliviers, dans cet arrondissement, a été d'un huitième à peu près pour les olivettes exposées sur les coteaux, tandis que dans la plaine le froid en a fait périr au moins un tiers.

grais , il s'agit seulement de parer aux inconvéniens qui en découlent.

Si le fossé en question n'avait aucune issue ,
difficulté qui n'est pas peu grande , on le ferait
plus étendu, afin que les eaux pussent filtrer dans
la terre beaucoup au-dessous des souches et des
racines. Cette précaution ne rémédierait pas entièrement au mal , mais elle le diminuerait notablement. En 1800 , j'en fis creuser deux semblables, en grande partie, dans le rocher; je les laissai ouverts pendant plusieurs années , les plants
qui avaient été placés le long de ces excavations se
maintinrent tout aussi beaux que les autres. D'ailleurs , ces fossés , dans les temps trop humides ,
sont de véritables mares d'eau qui ont leur utilité , puisqu'ils fournissent de l'engrais , ou du
moins offrent le moyen d'adoucir et de multiplier le fumier proprement dit , comme nous le
dirons en son lieu.

L'olivier ne saurait prospérer dans les terrains
bas et enfoncés près de grandes masses d'eau. Les
plaines situées le long des rivières et qui n'ont
pas une certaine élévation au-dessus des eaux ne
lui conviennent pas non plus. Cet arbre y languit
et y périt jeune par un froid qui à peine se fait
sentir aux vergers qui jouissent d'une température plus sèche. Aussi voyons-nous que les terres
accrues par les sédimens des fleurs , bien qu'elles
offrent un excellent engrais à l'olivier placé dans

une température propre , ne plaisent en aucune manière à cet arbre , lorsqu'il s'agit de le planter dans ces alluvions. La chose est vraie aussi pour ces sortes de terres , lors même qu'elles ne seraient pas sujettes à des humidités de longue durée qui sont si préjudiciables. A plus forte raison, faut-il éloigner l'olivier des terres qui ont été couvertes par des eaux stagnantes ; leur séjour a rendu le sol si compacte, que les racines ne peuvent y taller pendant les fortes sécheresses , et qu'elles y périssent en hiver par la présence des eaux.

Quelques années avant 1788 , on essaya d'arroser les oliviers dans le pays situé entre Arles et Aix , au moyen d'un grand canal d'irrigation (*le canal Boisgelin*). Cette tentative eut des succès inouïs. En 1787 , le produit en huile de ce canton excéda de 300,000 francs, celui d'une année commune avant l'irrigation , quoique l'huile de cette grande récolte fût inférieure à celle des années qui avaient précédé l'usage des arrosemens (1). Mais de tels succès ne furent pas de longue durée ; le terrible hiver de 1789 survint ,

(1) La relation des effets du froid de 1709, conservée dans les archives de Toulon , nous prouve que les oliviers étaient bien plus gros à cette époque qu'en 1820, puisqu'elle constate qu'ils produisaient quelquefois de 4 à 500 livres d'huile par arbre , et que l'un dans l'autre on pouvait les compter à 150 livres. (Voy. quelques observations et réflexions sur la mortalité des oliviers dans le département du Var en 1820, par M. de *Gasquet.*)

il ne resta pas un seul olivier de tous ceux qui avaient été arrosés; ils périrent tous jusques dans leurs racines ; inutilement furent-ils recepés, aucun rejeton ne se montra : depuis cette fatale époque, les oliviers ne sont plus arrosés en Provence (1).

3° La considération de la *température* est, sans contredit, la plus importante dans l'histoire de l'olivier. Nous avons surtout à nous occuper ici du chaud, du froid et des vents.

A. L'olivier est originaire des climats chauds, les plus beaux sujets de ce genre qui existent dans le monde entier, sont ceux qu'on a transplantés d'Espagne dans le Pérou, qu'on trouve aux environs de Lima. Ceux d'Italie et d'Espagne, étant exposés à ressentir une moins grande chaleur que ceux du Pérou, réussissent moins bien que ceux-ci, et résistent mieux aux frimas que ceux de la côte de la Méditerranée en France. C'est au littoral de cette mer que l'olivier est circonscrit en Europe, en Asie et en Afrique, c'est-à-dire, qu'il s'éloigne au plus de trente lieues des bords de ce bassin (1).

(1) Voy. *le Bon Jardinier*, almanach pour l'année 1828, par *Poiteau* et *Vilmorin*, pag. 318.

(1) On trace la limite de l'olivier sur la carte de France en faisant passer une ligne sur Carcassonne et Montélimart, qu'on prolonge jusqu'aux montagnes de la Savoie et des Pyrénées. Quant à la limite en hauteur, M. *Decandolle* l'établit à 400 mètres. En France il n'y a que huit départemens qui puissent cultiver l'olivier : ce sont

Il conste par des observations multipliées, que cet arbre craint d'autant plus le froid qu'il s'éloigne davantage de la mer. Mais la nature a imposé des limites à la zone de ce végétal, on a vu des oliviers de 30 pieds de hauteur dans les régions *équatoriales*, sous le 17e degré de latitude Nord, qui ne donnaient jamais de fruit : tout le monde sait que cet arbre cesse d'être productif au-delà du 45e degré de la même latitude, de sorte qu'il paraît démontré que si l'olivier craint le grand froid, il craint tout autant les grandes chaleurs. L'année désastreuse de 1820, fut non moins remarquable par un été brûlant que par un froid extraordinaire (1). La canicule épuise surtout la vie des sujets qui ont été recepés dans le printemps précédent. La sève s'écoule alors en pure perte, le contact de l'air et le hâle la font évaporer sans qu'elle puisse produire de bourrelet et faire recouvrir le bois d'une nouvelle écorce.

B. L'olivier supporte aisément 4 degrés de froid. Dans le Nord, on le rentre dans l'orangerie, en même temps que le grenadier. Dans le Midi de la France, où il végète en pleine terre, il résiste facilement aux hivers ordinaires, et même à des froids assez rigoureux, pourvu qu'il se trouve au milieu de certaines circonstances. En géné-

Vaucluse, les Basses-Alpes, le Var, les Bouches-du-Rhône, le Gard, l'Hérault, l'Aude et les Pyrénées-Orientales.

(1) Voy. le Mémoire cité de M. *D'Hombres-Firmas*.

ral, sur les côtes maritimes de la Provence, toutes les espèces d'oliviers périssent à -7° ou -8° ; les espèces inférieures résistent plus que les espèces recherchées. Des gelées modérées sont favorables à la constitution de cet arbre, soit parce qu'elles s'opposent à un excès de végétation toujours dangereux pour lui pendant l'hiver , soit pour toute autre raison. Quelques observateurs prétendent que les oliviers sont plus affectés par le froid dans le voisinage de la mer que dans les montagnes. Quant aux *espèces* d'oliviers , les cultivateurs ne sont pas encore bien d'accord sur celles qui craignent le plus le froid ; il est si difficile d'apprécier les influences de l'exposition, de l'âge, de la vigueur des arbres ! Quoiqu'il en soit , toutes choses égales , d'ailleurs , la vie de l'olivier sera d'autant plus compromise, que l'intensité du froid sera plus grande , qu'il aura une plus longue durée , que son invasion sera plus subite, que le dégel sera plus prompt , etc. Qu'on lise les divers Mémoires des correspondans des Conseils d'Agriculture (1) ; on en déduira facilement que les hivers sont les ennemis les plus redoutables de notre arbre. L'Italie perdit toutes

(1) Voy. en particulier l'ouvrage intitulé : Collection de Mémoires ou de lettres relatives aux effets, sur les oliviers, de la gelée du onze au douze janvier 1820 , imprimée sur la demande du conseil d'agriculture , par ordre de Son Excellence le Ministre de l'intérieur, pour l'instruction des propriétaires des départemens méridionaux de la France; Paris, 1822 , in-8° de 232 pages.

ses olivettes en 1518 (1) ; toutes celles de France périrent également en 1709 et en 1789, à l'exception de celles du Roussillon. Depuis 1709, la Provence les a vues succomber six fois. En 1564, elle perdit ses oliviers, ses orangers et même une partie de ses blés. En 1569, l'hiver qui survint avec une extrême vigueur dès le 11 décembre, suspendit toute opération de guerre ; il continua avec tant de violence jusques vers la fin de février, que les oliviers et les orangers à la campagne moururent même en Provence ; le Rhône fut pris entièrement ; la Durance le fut sur ses bords, en sorte qu'elle fut inabordable. En 1571, l'hiver qui avait commencé, dans ces mêmes cantons, au mois de décembre, par de grandes pluies suivies de terribles inondations, se changea, au mois de janvier, en un froid si excessif, que les moulins même, le long de la Sorgue, ne purent plus moudre ; la neige qui couvrit long-temps les terres, à une hauteur considérable, préserva les blés ; mais les oiseaux, les quadrupèdes tombaient morts dans les champs ; les oliviers, les lauriers, les figuiers, les grenadiers, les abricotiers, etc., moururent en totalité. Quantité de poissons périrent dans les rivières ; quelques personnes furent trouvées sans vie sur les routes.

(1) Voy. *la Coltivazione degli ulivi*, publiée en 1569, par *Pietro Vettori* de Florence, né en 1499 et mort en 1585.

Cette année le prix de l'huile s'éleva à quatre-vingt-dix florins la charge. En 1572, l'hiver, qui débuta à la mi-octobre, se fit remarquer par de semblables désastres; il ne discontinua pas de geler avec violence jusqu'au 29 décembre (1). L'olivier faisait la richesse de la Basse-Provence et du Bas-Languedoc, lorsque les gelées de 1709 l'ont frappé, de manière à ne pouvoir plus se relever de cette catastrophe, qui depuis s'est renouvelée plus souvent qu'autrefois. La zone des olivettes se rétrécit évidemment, puisqu'on n'en voit plus à Montélimar, ni à Valence (2). De toutes les contrées du monde où se cultive l'olivier, la France est celle qui éprouve le moins de chaleur et qui supporte les hivers les plus rudes; dans ce dernier royaume, le Roussillon est la contrée qui jouit au

---

(1) Je suis entré dans quelques détails sur les principaux hivers du seizième siècle, parce que je les crois peu connus, les ayant lus dans un manuscrit ayant pour titre : *Histoire du Comté-Venaissin et de la ville d'Avignon.* Ces documens historiques serviront aussi à prouver que l'olivier semble nous quitter de plus en plus. Dans l'espace de 132 ans (c'est-à-dire de 1476 à 1608) quatre mortalités ont eu lieu; ce qui fait, terme moyen, une mortalité tous les 33 ans. Dans l'espace de 111 ans (de 1709 à 1820) il y en a eu huit; ce qui donne, terme moyen, l'intervalle d'un peu plus de treize ans d'une mortalité à l'autre. Il est évident par là que les mortalités vont en se rapprochant. (Consultez l'ouvrage que vient de publier M. *Gabriel Peignot*, intitulé : *Essai Chronologique sur les hivers les plus rigoureux depuis 396 ans avant J.-C.*, un vol. in-8°, librairie de Jules Renouard à Paris.)

(2) Des monumens historiques prouvent qu'on voyait autrefois des oliviers aux environs de ces deux villes.

plus haut degré de la faculté de convenir à cet arbre ; de plus, si l'on considère que les froids nuisent moins aux oliviers par leur intensité, que parce qu'ils succèdent souvent à des temps plus doux, et qu'on les a vu périr par les effets d'une gelée ordinaire, lorsqu'ils étaient en sève, et résister, hors de cette époque, à une température de - 10 à - 12 degrés, on sera porté à croire que si l'olivier doit s'expatrier de l'Europe, c'est la France qui doit le perdre la première (1). Fasse le Ciel que le double hiver de 1830 ne confirme point ces prévisions sinistres !....

C. Les *cents* offrent, par rapport à l'olivier, des avantages et des inconvéniens. En 1792 et 1793, des oliviers plantés dans des champs très-maigres, quoique dans une position venteuse et exposée aux froids les plus vifs, résistèrent aux rigueurs des hivers. On pense avec assez de fondement que ceux qui périrent ces deux années, n'ayant succombé que par l'effet du verglas qui

(1) Les oliviers, ainsi que les orangers de Nice et d'Hières, ont péri dans tous les temps, en Provence, en Languedoc, sur les côtes de la Ligurie et ailleurs, et en Provence plus souvent que dans les autres endroits. La latitude de cette contrée, d'après l'expérience des siècles passés, ne leur accorde qu'une durée très-limitée. Ces arbres sont, pour ainsi dire, éternels dans l'Italie méridionale ; les îles de la Méditerranée, les côtes de la Grèce, de l'Espagne, celles d'Afrique et celles d'Asie. (Voyez la lettre de M. *Lautard*, adressée à S. E. le Ministre de l'intérieur, sur les oliviers atteints par la gelée du 12 janvier 1820, dans l'arrondissement de Marseille.)

gelait la sève au-dessous de l'écorce, le vent eut
le temps de secouer et de sécher l'humidité, avant
qu'elle adhérât fortement à l'arbre par l'effet
de la glace, dans les terrains fortement exposés
au vent. Les vents de mer ne nuisent point s'ils
ne sont pas trop violens. Les oliviers les plus
robustes se trouvent près de la mer, mais à l'abri
des grands vents du Nord, et partant du grand
froid : les hautes montagnes les en garantissent.
Le vent du Nord est sans contredit celui que les
olivettes ont le plus à craindre ; il augmente considérablement les effets du froid, puisqu'en général, dans les hivers trop rudes, les oliviers les
plus exposés à ce vent, sont aussi ceux qui périssent en plus grand nombre, de là l'avantage
des abris. Du reste, il est vrai de dire, que les
vents du Nord ne sont quelquefois point nuisibles à l'olivier ; car, en toute saison, même pendant le règne impétueux du Mistral, quand le
terrain jouit d'une fraîcheur convenable, ces arbres prennent une admirable verdeur ; lorsqu'ensuite le calme s'établit dans l'air, on s'aperçoit
que les oliviers n'en sont devenus que plus robustes, leurs feuilles acquièrent alors un accroissement, une épaisseur et un luisant bien mar-
qués ; mais malheur à eux, si le froid est trop
rigoureux ! Hors ce cas, l'olivier n'a rien à re-
procher aux vents septentrionaux. L'olivier qui
habite l'arrondissement de Narbonne, n'a pas de

plus grand ennemi que le *Cers* (*Circius* des anciens) , surtout lorsqu'il souffle après la pluie ,
le verglas , la neige ou les gelées : ce tyran du
Nord-Ouest a tellement dévasté ce quartier , qu'il
n'y permet plus aujourd'hui que la culture de
l'espèce *olivière* (*olea angulosa* , *Gouan.*) , espèce qu'il ne faut pas confondre avec l'*olivière*
qui tient le premier rang à St-Pons (Hérault) ;
celle-ci ne peut être conservée que dans une exposition bien abritée au Midi , tandis que celle-là
résiste à la violence des hivers , lorsque toutes les
autres variétés ont succombé. M. *Enjalric* , correspondant du Conseil d'Agriculture de l'Aude ,
a très-bien développé les causes qui ont amené la
dégénération de la culture de l'olivier dans l'arrondissement de Narbonne : « Il me paraît, dit-il ,
» qu'on doit l'attribuer (cette température fu-
« neste) à ce que ce vent (le Cers) passant sur
« le sommet des montagnes des Pyrénées , qui
« sont presque toujours couvertes de neige , par-
« court la vaste plaine dont la ville de Toulouse
« est le centre , va s'engouffrer en partie entre
« les deux chaînes de montagnes dirigées de
« l'Ouest à l'Est , dont l'une est la Montagne
« Noire , jointe à celle de Saint-Pons , et l'autre
« à celle des Pyrénées. Ce vent trouve sur son
« chemin ce vaste passage barré en partie par la
« chaîne des montagnes des Corbières qui prend
« racine à celle des Pyrénées, il devient plus fort

« à mesure qu'il s'échappe des défilés formés en-
« tre plusieurs autres montagnes moins hautes
« et des collines situées sur ce passage » (1).
La plupart des observateurs s'accordent à dire,
que c'est au déboisement que nous devons imputer, en grande partie, la mortalité croissante des
olivettes. Le bois était si commun autrefois, qu'on
ne se donnait pas la peine de l'abattre. Quand on
voulait convertir en terre labourable une pièce
de bois, on y mettait le feu ; mais aujourd'hui,
la campagne n'offre presque plus d'abris ; les
montagnes elles-mêmes ont perdu, en grande partie, les forêts dont elles étaient couronnées. La
température fraîche et humide des Gaules ne se
retrouve plus sous le climat de la France actuelle;
de là, sans doute, la fréquence et l'intensité des
sécheresses estivales, augmentées, d'un autre côté,
par la fréquence et la violence des vents.

IV. Occupons-nous maintenant de l'ouverture
des *fosses* destinées à recevoir l'olivier qu'on veut
transplanter. Les fosses doivent être creusées à la
fin de l'automne, afin de favoriser amplement
sur elles l'action combinée de l'atmosphère et du
soleil dont elles s'imprègneront bien pendant l'hiver jusqu'au moment de la plantation. L'abbé
Rozier place l'ouverture des trous aussitôt après

(1) Voy. l'état actuel de la culture de l'olivier dans l'arrondissement de Narbonne, par M. *Enjalric*.

la récolte du grain. J'avoue que cette précaution est fort bonne; mais qu'il n'est pourtant pas d'une absolue nécessité de faire la chose tant à l'avance.

Quand on crée une olivette dans un terrain qui enfonce, on donne aux excavations la forme d'un *parallélipipède rectangle* ayant une base de quatre pieds six pouces en carré, et une hauteur d'un pied et demi. Ceux qui les font plus petites ne connaissent pas leurs intérêts; l'olivier planté dans une fosse trop étroite, est plus exposé aux inconvéniens des sécheresses de l'été et à l'action dévorante des herbes voisines. D'ailleurs, la terre n'étant pas meuble autour de l'arbre, les racines ne peuvent faire que peu de progrès. Aussi, M. *Imbert de Vitry*, ne balance pas à assigner aux fosses une surface carrée de deux mètres (plus de six pieds), et une profondeur d'un mètre (plus de trois pieds.)

Ainsi que le fait observer l'abbé *Rozier*, la forme carrée des trous est préférable à la ronde, puisqu'elle a quatre angles qui dépassent le cercle, et dont la terre est remuée. En général, la largeur et la profondeur doivent dépendre de la grosseur de l'arbre, du volume de sa souche et de ses racines. Il est bon cependant, de rappeler ici que, quand on a planté des arbres trop avant dans la terre, ils languissent jusqu'à ce que leurs racines étant remontées vers la surface, aient atteint l'épaisseur de terre qui est re-

muée par les labours. Aussi , *Duhamel du Monceau* est-il d'avis que , dans ce cas , il vaut mieux
souvent les arracher pour les planter plus superficiellement , autrement ils dépérissent peu à
peu (1).

La grandeur des fosses doit encore varier suivant la nature du sol. Plus il est maigre , caillou-
teux, argileux , crayeux , marneux , plus elles
doivent avoir d'étendue.

La fosse étant ouverte , il n'est plus besoin d'y
revenir jusqu'au moment de la plantation. J'ai
voulu une fois user de fumigation à l'égard d'un
grand tronc vacant , pour y placer le tronc d'un
arbre fait ; ce gros pied poussa d'abord assez
bien ; mais trois ans après sa plantation , il fallut l'arracher, toute sa souche était pourrie. Dans
ce même emplacement , il y en a un autre aujourd'hui qui est de toute beauté. Je n'userai plus
de fumigation.

V. On peut planter l'olivier en toute saison.
Maintes fois il arrive que la charrue ou les eaux
pluviales déracinent et emmènent des attaches ;
on les met de nouveau en terre , et leur reprise
est assurée, pourvu qu'on les tienne arrosées ,
plus ou moins , selon la saison et le besoin. Je
puis montrer deux arbres qui ont éprouvé l'accident que je viens de signaler, et qui n'en sont pas

(1) Ouv. cité, tom. 1 , chap. 1 , pag. 3 et 4.

moins parvenus à leur état naturel de vigueur et à un âge très-avancé. L'un d'eux fut déraciné deux fois par les eaux d'un ravin, et deux fois je m'obstinai à le replanter ; je n'eus aucun égard à la saison , il n'en est pas moins devenu un bel arbre.

L'*époque* la plus favorable à la *plantation* des oliviers commence en avril et dure jusqu'à la mi-mai. Planter plus tard , c'est s'exposer à perdre ses sujets, soit par le manque d'eau , soit par l'inconvénient qu'aurait , sur une terre qui serait marneuse, un arrosage dont pourtant on ne pourrait se passer , si la saison était sèche . Si l'on plante avant l'époque indiquée, la végétation n'est pas si vigoureuse. Il en est qui font leurs plantations du 15 mars au 15 avril, époque à laquelle on n'a à craindre ni le trop grand froid , ni les chaleurs. D'autres préfèrent la fin de l'automne. *Pline, Columelle* , etc., ont parlé de plantations faites en été. Nous ne discuterons point ici une question qui a été débattue contradictoirement par de grandes autorités. Toutes les méthodes peuvent être bonnes d'une manière relative . Je crois , qu'en général , le moment le plus propice est celui où la sève a bien commencé de monter ; la végétation des plants n'est point alors retardée, et ils ne risquent pas aussi facilement d'être desséchés par le soleil , les vents, ni le froid.

VI. De quelle manière doit-on espacer les pieds d'une olivette? Les plantations trop resserrées ont le désavantage de manquer de fraîcheur pendant les années arides ; on obvie à cet inconvénient par des engrais souvent répétés et administrés avec parcimonie , ainsi que par la plus grande fréquence des labours. Ne comptez pas avec de pareilles olivettes sur une grosse récolte d'huile , soit par le défaut de nourriture, soit par le retard qu'éprouve la maturation du fruit, vu le trop d'ombrage ou toute autre cause. On remarque d'ailleurs que les oliviers trop rapprochés ne peuvent acquérir la grosseur convenable à leur espèce ; et le terrain , fût-il des meilleurs , n'est plus propre à recevoir la semence du blé sans risque de détériorer notablement le verger. Quand on plante des oliviers, il est donc nécessaire de connaître la valeur du fonds , de les espacer davantage dans une terre à blé , et moins dans les terrains qui ne conviennent qu'à ces arbres. Nous prescrivons communément une distance de vingt pieds entre chaque plant dont la réunion offre une disposition en échiquier. L'abbé *Rozier* assigne aux oliviers, dans un bon fonds bien abrité, une distance de six à sept toises et même plus; mais il suppose que l'olivette est complantée de manière à y avoir des récoltes en céréales. Dans un champ de moindre qualité , quatre à cinq toises suffisent, selon cet auteur, et quatre dans les plus médiocres. Mais si on consacre le champ entier aux oliviers, il se contente d'une distance de trois à quatre toises, ce qui revient à peu près à notre prescription.

Il est des terroirs où les plantations sont généralement beaucoup plus rapprochées que nous ne l'avons conseillé; on n'y voit guère que le *rouget* ou *cermillau* ; ces arbres ne laissent pas que d'être beaux, riches en bois et en fruits dont l'huile est abondante et estimée. Telles sont les olivettes du terroir de Saint-Bonnet (Gard). S'il s'y rencontre d'autres espèces que le *cermillau*, elles n'y prospèrent pas comme cette dernière. Il est bon de faire observer que ces olivettes étant situées la plupart sur la pierre vive, où le terrain enfonce très-peu, on ne les sème point.

Au reste, quelles que soient la nature du sol et la végétation dont les arbres d'une olivette seront susceptibles, il doit régner un assez grand intervalle entre les rameaux de chaque pied, afin que ces rameaux ne portent pas leur ombre les uns sur les autres, ne se touchent pas, et qu'il règne entre eux un libre courant d'air.

En général, on ne risque jamais rien de planter large ; mais on risque beaucoup de planter serré. Ce précepte pourtant ne serait vrai que dans certaines limites ; car, s'il faut en croire M. *Imbert de Vitry*, l'hiver de 1820 paraît avoir démontré, comme on l'avait déjà observé, que les oliviers clairsemés sont plus exposés à périr à la suite des grands froids , et qu'ils réussissent mieux plantés à des distances rapprochés. M. *Coste de Frégeorgues* dit n'avoir pas vu sans quelque surprise, en 1820, dans une olivette fort étendue et dans laquelle les arbres sont très-près l'un de l'autre (commune de Saint-Jean de Vedas), que tout ce qui était à l'aspect du vent a succombé , et qu'ensuite le mal a été en décroissant à mesure qu'on va plus avant dans l'olivette ; sans contredit , la mortalité de ce verger eût été plus générale , si les pieds eussent été espacés trois ou quatre fois plus largement qu'il ne convient qu'ils ne soient.

Quand on plante dans un sol inégal et montueux , on doit faire les excavations là où il paraît y avoir plus de terre , sans avoir égard à la parité de distance d'un olivier à l'autre. Si le terrain est également profond partout , ces arbres doivent se ranger en quinconce (1) , séparés par un espace de vingt pieds , ainsi qu'on a commencé de le pratiquer après l'hiver de 1709. Cette disposition en échiquier , outre qu'elle s'accommode mieux au labourage , affecte la vue d'une

(1) Le quinconce tirait son nom du chiffre romain V. Trois arbres plantés en cette forme sont appelés le *quinconce simple.* Le *quinconce double* , c'est le chiffre V doublé qui forme un X, étant composé de quatre arbres qui composent un carré avec un cinquième au centre. (Voy. les remarques que l'abbé *Delille* a placés à la fin du second livre des Géorgiques , traduction française.)

manière récréative, de quelque côté qu'on regarde la plantation. Nous voilà naturellement
amenés à parler de la disposition générale à donner aux olivettes.

VII. Est-il plus avantageux de planter les oliviers en rayons, qu'en cordons ou lisières autour des terres ? Un bon fonds entouré d'oliviers
est d'un grand profit. Avant l'hiver de 1789,
on voyait plusieurs cordons pareils autour des
champs ; mais comme le fonds était plat, sujet
à l'humidité et plus exposé à la violence du froid
et des vents du Nord, vu son éloignement des
coteaux, les oliviers périrent presque tous.

Un fonds qui ne serait bon qu'à produire du
seigle, rapporterait plus sans doute, si au lieu d'un
cordon on y établissait un verger. Mais, quant
aux terres plates, nos pères considérant qu'elles
retiennent trop long-temps les eaux des pluies d'hiver, et qu'elles sont livrées sans défense aux rafa-
les et aux frimas, se sont contentés des lisières ;
en quoi ils ont eu raison ; car les oliviers plantés
dans ces sortes de fonds bons ou mauvais, ont
tous péri sans exception, et très-peu ont repoussé
par les souches ; tout ceci est relatif aux terres
plates retenant facilement les eaux pluviales ; il
n'est pas douteux que le meilleur était de mettre
les oliviers sur le bord de ces champs, plutôt
que de destiner ceux-ci tout entiers à être vergers.

Les désastres produits par les hivers ont fait sentir aux modernes la nécessité de planter les oliviers en forêt. Cette disposition assure du moins un abri à une partie des pieds d'une olivette. Elle offre aussi d'autres avantages, ainsi que l'a très-bien consigné M. *Laure* dans son Mémoire sur la culture de l'olivier et les effets de la gelée sur cet arbre : 1° Il serait plus facile, ayant réuni les oliviers en forêts, d'en faire secouer les branches lorsque la neige en a couvert les feuilles, ou lorsqu'on redoute le verglas après une pluie froide ; 2° on pourrait aussi tenter un moyen de diminuer la rigueur du froid, ce serait d'allumer, dans les diverses parties des forêts, des feux avec de la paille ou d'autres combustibles, que l'on modérerait en fumée un peu chaude en jetant de l'eau dessus ; on ne donne pas ce moyen comme assuré, mais comme une épreuve à faire avec prudence ; 3° en plantant les oliviers en forêt, on pourrait aisément en interdire l'entrée aux troupeaux, ennemis dangereux de ces arbres, qui mâchent les appendices des rameaux.

VIII. Le terrain qui convient à l'olivier est à peu près celui qui plaît à la vigne. C'est pourquoi *Virgile* a dit :

Quæ tenuem exhalat nebulam fumosque volucres ,
Et bibit humorem , et , cùm vult , ex seipsâ remittit ,
Quæque suo viridi semper se gramine vestit ,

Nec scabie et salsâ lædit rubigine ferrum,
Illa tibi lætis intexet vitibus ulmos,
Illa ferax oleæ est..... (*Georg.*, *lib.* 2.)

Il serait, à mon avis, très-avantageux de pouvoir marier la vigne à l'olivier. Je sais que *Virgile* a proscrit cette union, pour éviter les incendies auxquels l'olivier se prête avec facilité (1). On connaît depuis long-temps, le secours que peut fournir à la vigne une espèce d'ormeau ; le *tuteur* ouvre à son pupille toutes ses branches et tous ses rameaux, et, de stérile qu'il est, lorsqu'il végète isolé, il devient très - fertile sans nuire pourtant à sa protégée ; c'est ce qu'on peut voir dans une grande partie de l'Italie. Il n'en est pas de même de l'olivier : cet arbre très-fécond par lui-même, n'aime pas de partager sa nourriture ; on peut dire qu'il ne prospère que dans le célibat. Cependant les bons fonds peuvent recevoir et alimenter tout à la fois la vigne et l'olivier. Dans ce cas, il est nécessaire de réserver autour de ce dernier, pour l'engrais et les labours, un espace dont le diamètre égale le plus grand diamètre de la touffe formée par les branches. Dans un sol faible, on peut interpo-

____

(1) *Neve inter vites corylum sere......*
..... Neve oleæ sylvestres insere truncos ;
Nam sæpe incantis pastoribus excidit ignis, etc.
(*Georg. lib.* 2.)

ser une ligne de vigne entre deux rangées d'oliviers. L'hiver de 1819 ayant dévasté ou dégradé
la plupart de nos olivettes, je tirai parti du terrain de cette manière : il n'en est résulté aucun
préjudice pour les pieds qui avaient résisté au
froid, ni pour les rejetons sortis des souches
après la récision du tronc. La plupart des tenanciers qui ont essuyé les effets de ce même hiver,
ont planté leurs olivettes en vigne, ne faisant
nul compte des oliviers ni des souches échappés
au grand froid. Il en est resulté que ces oliviers
n'ont fait que très-peu d'olives et que ces souches
n'ont végété que languissamment; ils ont arraché
leur vigne, et moi j'ai conservé mes rangées.

Il est certaines contrées où l'alliance de la vigne et de l'olivier peut être dictée par la prudence. Dans un temps, le voisinage de la ville
d'Orange (Vaucluse), surtout en descendant
vers Avignon, offrait à l'œil de très-jolis ver-
gers-vignobles ; on s'aperçut que les oliviers de-
mandaient un entretien dispendieux et ne donnaient pas autant de fruit que ceux plantés séparément. On arracha la vigne pour favoriser l'olivier, cette faute fut payée cher : deux ou trois
ans après, survint l'hiver de 1789, qui fit périr
tous les pieds jusqu'à la souche. Ces champs ainsi
dénudés subitement, sont encore présens à ma
mémoire.

CHAPITRE IV.

Gouvernement des Oliviers de nouvelle plantation.

———

———

I. Les attaches qu'on vient de mettre à demeure demandent plusieurs soins. D'abord on éloigne d'elles tout ce qui pourrait les ébranler. On surveille assidument, au moins pendant les deux premières années, le travail de la charrue, c'est-à-dire, le labour. La *commotion* éprouvée par un jeune plant est pour lui une maladie mortelle, et réclame impérieusement qu'on le tire de terre et qu'on le replante. Les attaches qui sont ébranlées après avoir repris et travaillé dans

le courant des deux premières années , se revêtent de feuilles rougâtres qui se dessèchent et tombent ; cet état n'est qu'une apparence de mort ;
leur écorce est encore très-vive ; deux , trois ou
quatre ans après , on les voit faire de nouvelles
pousses , et alors leur végétation est tout aussi
vigoureuse que si la secousse n'eût pas eu lieu.
Je puis en montrer sept de cette catégorie , qui
toutes prouvent, par leurs progrès, qu'il ne faut
pas se hâter d'arracher les jeunes plants quand
ils ont repris, bien qu'ils aient perdu leurs feuilles
par un accident quelconque.

La sécheresse peut avoir le même effet que les
ébranlemens , elle réclame la même conduite et
le même degré de patience.

II. Quand l'attache, plantée depuis peu, commence à pousser , il se forme sur le tronc de petites tubérosités en forme de diamans , qui produisent l'écartement et la fente de l'écorce. Or ,
ces tubérosités ne sont que des réservoirs de sève
pour la nourriture des bourgeons, qui ne tardent
pas à se montrer si rien ne leur porte préjudice.
Il est une espèce de *fourmi* petite , noire et fort
maigre, qui est avide des sucs que contiennent ces
corps glanduleux , elle les ronge par la pointe ,
les corrode sous l'écorce et dévore les bourgeons
avant qu'ils soient bien formés. Il est un moyen
facile et sûr de repousser l'ennemi ; mettez au

pied du tronc , de la cendre sèche et bien ta-
misée , de manière à en couvrir le sol sur une
surface égale à celle d'une main ouverte ; si le
vent l'emporte ou si la pluie lui fait faire croûte ,
renouvelez-la. Les fourmis n'aiment point de
voyager sur cette poussière fine , elles se retirent
et ne reviennent plus ou reviennent toujours en
vain , les voies leur sont coupées ; le bourgeon
a le temps de se développer , il cesse d'être du
goût des fourmis. On le préservera ainsi d'une dé-
térioration inévitable , ou du moins d'une cause
de retard dont les conséquences ne s'effacent
qu'après longues années.

Le bourgeon qui commence déjà de verdoyer
devient un objet de convoitise pour d'autres animaux en bien plus grand nombre. Des *chenilles*
couleur de terre , et d'autres d'un gris cendré ,
qui habitent le pied du tronc , aiment à se nourrir du premier travail de notre arbre. On découvre leur gîte en fesant tout autour une ouverture
d'un ou de deux pouces de profondeur , rarement les trouve-t-on sur le fait prenant leur cu-
rée sur les sommités des feuilles naissantes ; le
plus souvent ce n'est que nuitamment qu'elles
grimpent vers les bourgeons , se retirant ensuite
dès que le jour va poindre. C'est ce même fléau
qui , en certaines années, dans le courant d'avril
et au commencement de mai , dévore la vigne à
mesure qu'elle fait ses premières pousses. Les

chenilles de l'olivier sont plus grosses, parce qu'elles sont plus vieilles ; elles ne tardent pas à disparaître, parce qu'à l'époque où l'olivier fait ses jets, la multiplication de ces animaux a fini.

Les *limaçons à coquille* de toute espèce se glissent le long du tronc de notre arbre pour aller paître sur les bourgeons encore tendres ; cet animal n'en veut plus quand ils se sont tant soit peu alongés ; c'est surtout, avant le lever du soleil, qu'on les voit se promener sur l'olivier; pendant le jour, on les trouve au pied couverts d'un peu de terre.

Parmi les *sauterelles*, il en est une espèce grosse et lourde, on s'en saisit facilement. Quant aux insectes ailés, un vent fort est le seul moyen capable de les éloigner.

Concluons de tout ceci, qu'une jeune plantation demande de fréquentes visites de la part du maître. Dès que les plants ont commencé à pousser des tubérosités, on ne doit guère passer quatre à cinq jours sans les examiner un à un, pour donner du secours à ceux qui pourraient être en souffrance. Dès que les pousses de l'olivier se sont alongées de quatre travers de doigt, il n'a plus à craindre que les sauterelles qui, à certaines époques, ont apparu comme un ange exterminateur. La seconde année et les suivantes, l'olivier doit redouter la grosse chenille verte qui dévore ses feuilles avec autant d'avidité que le ver à soie dévore celles du mûrier. Le dégât qu'elle fait est trop visible pour qu'elle puisse long-temps rester cachée ; sa grosseur est celle du petit doigt , il n'y a d'autre parti à prendre , que d'écraser toutes celles que l'on trouve. Quelle patience ne faudrait-il pas si on voulait mettre en pratique sur une olivette , tous les moyens proposés pour tuer les chenilles ou autres ennemis des arbres ! C'est ainsi que *Bernard*, auteur d'un Mémoire sur la culture de l'olivier , couronné en 1782 par l'Académie de Marseille, se servait d'une brosse trempée dans du vinaigre très-fort, pour nettoyer les feuilles et les bourgeons des orangers , et terminait par des lavages à grande eau. D'autres ont conseillé diverses préparations goudronneuses en application sur l'écorce préalablement ratissée. On a aussi parlé de l'emploi avantageux des odeurs vives et pénétrantes , d'un mélange d'orpiment et de miel , du *cambouis* , etc. Dernièrement enfin , M. *Trouet* , garde-général des forêts à Vlessarts , a communiqué à M. le gouverneur du Grand - Duché de Luxembourg, qui l'a rendu public, un moyen fort simple d'extirper les chenilles , lequel consiste à frotter avec de l'eau de savon les parties des arbres ou buissons où il existe de ces animaux ; on peut se servir , à l'égard des arbres , d'étoupes ou d'un linge que l'on attache au bout d'une per-

che. La chenille à peine mouillée par l'eau de
savon, entre en convulsions et périt dans la mi-
nute même. Des *perce-oreilles* subissent le même
sort et aussi promptement. On a dit qu'il serait
plus simple et plus commode d'employer, au lieu
d'étoupes, une seringue ou une petite pompe (1).
Mais tous ces expédiens ne valent pas, à mon
avis, celui par lequel on écrase avec le pied les
chenilles toutes les fois qu'on en trouve ; ceci
est plus facile et plus expéditif. Quoiqu'il en soit,
la destruction des animaux malfaisans a fait ima-
giner des moyens beaucoup plus rationnels que
ceux auxquels nos pères avaient recours dans des
temps superstitieux et crédules où l'on se con-
tentait d'intenter à ces animaux un véritable procès en forme (2).

(1) Voy. le *Messager des Chambres* du 18 juillet 1829, N° 199,
ainsi que le *Journal des Connoissances usuelles et pratiques*,
tom. 1, n° 5, août 1825, pages 233 et 234.

(2) On connaît des procès semblables qui ont eu lieu dans le 15e siècle, le 16e et le 17e. *Gaspard Bailly* a composé il y a environ 200
ans un ouvrage intitulé : *Traité des monitoires*, dans lequel il
traite *ex-professo* des procédures à faire contre les bêtes nuisibles. Il
veut même dans son scrupule qu'on nomme des curateurs aux animaux accusés (voy. *Tristan le voyageur* ou *la France au XIVe
siècle*, par feu M. de *Marchangy*, tom. V, p. 127, chap. LXXIV ;
et le glossaire qui est à la fin de ce volume, p. 412 ; 2e édition, Paris
1825.) A Rome, le 8 des calendes de décembre était consacré aux
sauterelles, pour les conjurer d'épargner le pays. Les prophètes ont
toujours présenté ces animaux comme les ministres des vengeances
célestes, (voy. Deutéron., XXVIII, 38 ; Joël, 1, 4 et 11, 25, 26,
Amos, IV, 9, etc.)

III. La majeure partie des cultivateurs qui ont élevé des plants d'oliviers, les ont retardés en abattant trop tôt les pousses latérales. D'autres les ont détruits complètement par la même imprudence, et ont attribué leur perte à la pourriture de la souche qui leur aurait fourni une sève viciée, tandis que ce sont eux-mêmes qui, en s'obstinant à porter le fer sur les jeunes nourrissons, ont donné la mort à leur mère (1). On a commencé à revenir de cette fausse idée et à reconnaître que ce vice prétendu était dans les mains du cultivateur et non dans la souche de l'olivier.

Quand le tronc n'a pas poussé au-delà de deux ou trois pouces, il est bon de ne pas y toucher du tout pendant le cours de la première année, et d'attendre la fin de la seconde sève de l'année suivante. Ne croyez pas que des jets multipliés nuisent à l'arbre nouvellement planté ; car le plant d'olivier donne quelquefois des jets avant d'avoir poussé des racines, comme le feraient des barres de saules qui végètent lorsqu'elles sont dressées en tas contre un mur. Si, dans ce cas, on se hâte d'abattre les jeunes pousses du tronc, chaque coupure devient une issue par où s'écoule le peu de sève dont l'arbre peut disposer. Si ce plant, ayant peu végété au dehors, a

____

(1) Voy. ce qui a été dit au Chapitre de ce traité, § IV.

7

pourtant fait quelques racines , les jets ne laissent pas que de lui être utiles et même nécessaires pendant les deux premières années. Ils mettent ce faible tronc à l'abri des ardeurs du soleil ; de plus ils font stationner la sève pour s'en nourrir, et l'aident à monter plus haut; par ce moyen, la végétation de l'arbre devient plus vigoureuse ; le tronc ainsi fortifié n'aura pas de peine à se couronner d'une tête qui dans peu d'années sera de toute beauté ; c'est ce que j'ai vu constamment s'effectuer dans l'espace de plus de trente ans d'observations non interrompues.

IV. Ce n'est guère qu'à la fin de la seconde sève , c'est-à-dire , au commencement de novembre de la première année , qu'on peut se décider à toucher aux jeunes pousses , lorsqu'elles ont travaillé d'une manière satisfaisante. Cette époque me paraît préférable au mois de mars ; car je me suis aperçu que si l'on abat les jets lors de l'ascension de la sève , l'arbre ne pousse pas si tôt , soit parce que la taille fait à tout olivier une sensation visible et lui cause une courte maladie qui retarde la végétation pour un temps, soit parce que le froid et les gelées blanches de mars et d'avril , quoique moindres que ceux de l'hiver , ont souvent affecté péniblement ces jeunes arbres.

Quand on retranche les tendres pousses des

troncs , il est d'une nécessité absolue d'en laisser un bon nombre pour former la tête de l'arbre.
Il faut de même ne point les élaguer , mais les
laisser à elles-mêmes pendant tout le courant
de la seconde année jusques à la fin de la seconde sève ; alors on abat les plus petits jets
qui rendent la tête trop touffue , et on en laisse
deux fois plus qu'il n'en faut pour former les
branches-mères ; on ne touche à ces derniers en
aucune manière; la troisième année finie et l'époque de la seconde sève étant venue , on a soin
de retrancher les jets qui sont le moins bien placés pour devenir branches principales ; et si les
jets sont de la grosseur du pouce , on peut former le chapeau de l'arbre, et ce, autant que possible , sur trois branches-mères , rarement sur
quatre et jamais sur un plus grand nombre , à
moins que les plants ne soient de gros troncs ,
lesquels toutefois , à cette exception près , doivent être traités à tous égards de la même manière.

Les pousses destinées à couronner l'arbre doivent , quoique belles , être abandonnées à leur
marche naturelle ; le fer doit les respecter et
n'abattre en elles que les jets latéraux d'une certaine grosseur et d'une direction transversale.
Il ne faudrait pas attendre que ces jets fussent
trop gros. Du reste , que le cultivateur réprime
son penchant à l'élagage; il n'est pas encore temps

de donner à l'olivier cet air de régularité qui plaît tant à l'œil.

Quant aux plants qui, parvenus à la troisième année, n'offrent pas des jets d'une grosseur suffisante pour que le nombre en soit diminué de manière à ne laisser à l'arbre que les branches-mères futures, il faut attendre l'année d'après et plus tard, s'il le faut, pour leur former la tête; on aurait tort de désespérer pour cela de ces plants : les plus tardifs sont quelquefois ceux qui dans la suite dépassent les autres; il en est dont la touffe terminale reste plusieurs années tellement hérissée, qu'à peine chaque année peut-on l'éclaircir de quelques brindilles, et qui pourtant réparent ensuite avec usure le temps perdu et deviennent de très-beaux sujets.

V. Un an après que la tête de l'olivier a été formée, on peut commencer à émonder; mais il est des règles dont la violation est une faute grave. Une partie des pousses latérales doit être laissée près du tronc ainsi que le long des branches; ces courtines, nommées vulgairement *braies*, sont autant de points de halte où la sève est appelée à fortifier la naissance des rameaux; sans doute aussi elles doivent aider la marche ascendante des sucs nourriciers; elles protègent encore, sous un ombrage frais, la partie supérieure du tronc et la partie inférieure des bran-

ches. Un olivier privé de ses courtines est mani-
festement retardé dans son accroissement , ses
branches trop dépouillées se dessèchent , et il
leur faut un temps assez long pour se remettre ;
il y a aussi un retard dans le travail des cimes ;
l'aspect de l'arbre , en un mot , porte l'em-
preinte d'une dégradation bien prononcée. Il
serait superflu de dire qu'il n'est pas encore
temps de toucher au chapeau de l'olivier.

Le même motif , d'après lequel notre arbre
nous paraît devoir être formé sur un petit nombre de branches-mères, exige que si quelqu'une
d'elles se bifurque près du tronc , on la prive
d'un de ses montans, en ne laissant que celui
qui convient le mieux à la confection complète
du couronnement. Les mères-branches doivent
être grosses , peu nombreuses et avoir une forte
base , comme il a été dit. La masse de bois qui
résulte de leur ensemble , doit être proportionnée aux rameaux et à leurs subdivisions ; sans
quoi, les ramuscules souffriraient faute d'une
nourriture suffisante , vu que les sucs seraient
absorbés par leur mère. On peut se convaincre
de la bonté de ce précepte , en jetant les yeux
sur certains vieux oliviers dont la tête est un amas
de gros bois. Avant l'hiver de 1789 , je fis diminuer les branches principales de plusieurs; cette
privation leur fut salutaire , chaque arbre fut
émondé dans son entier ; nous donnerons , en

parlant de la taille des oliviers faits, la justification de cette pratique.

VI. Quand les oliviers ont la tête formée, quatre ou cinq ans après leur plantation, le haut du tronc est desséché et forme pour l'ordinaire un *chicot* qui n'est point encore couvert par le bois vif. Faut-il le laisser ou l'enlever ? Les cultivateurs des environs de Martigues ne touchent nullement à leurs plants pendant trois années, si ce n'est pour abattre les jets qui croissent à une main ouverte au-dessus du sol. La conduite de ces cultivateurs relativement à l'élagage des jeunes plants, ainsi que celle que l'on suit dans la Marche d'Ancône à l'égard des pépinières (Voy. Chap. 2, § V), donnent force de loi à la maxime déjà établie : *pour hâter l'olivier, menez-le lentement.* Les uns et les autres attendent toujours la troisième année révolue. Après ce laps de temps, ceux de Martigues coupent un pied ou un demi-pied du tronc ; la coupure ainsi rafraîchie est plus tôt couverte, et offre moins de bois sec ; ils éclaircissent ensuite les pousses, ne laissant que celles qui doivent composer le chapeau. Cette méthode inconnue et même impraticable dans nos contrées, réussit très-bien dans un pays où les oliviers étant arrosés croissent plus vite, et trouvent sans doute un sol et une température que nos quartiers ne peuvent leur offrir.

En général, nos oliviers, trois ans après leur plantation, ne seraient pas assez fortement enracinés pour soutenir, sans être ébranlés, une coupure aussi considérable. D'ailleurs, nous sommes dans l'usage de donner aux plants plus d'élévation qu'on ne leur en donne dans la ci-devant Provence.

Nous enlevons le chicot susdit avec le dos d'un couteau et quelquefois nous sommes obligés d'aller jusqu'au vif. Le bois sec étant ainsi enlevé ou diminué, nous polissons la coupure avec la pointe du même instrument ou de tout autre outil convenable.

VII. Faut-il ravaler les oliviers arrivés à leur sixième, septième ou huitième année, et qui sont beaux, ayant des branches fort élevées ? Parmi les oliviers que feu l'abbé *Charravin* fit planter immédiatement après l'hiver de 1766, trois furent ravalés pour essai ; l'un était de bonne espèce (c'était un *vermillau*), les deux autres étaient des sauvageons à feuilles pointues, dont les olives sont rondes, petites et en très - petit nombre ; les branches de ces trois arbres furent descendues jusqu'à mi-bois ; celui de bonne espèce en reçut un dommage très-considérable, le mal fut nul pour les deux sauvageons ; ceux-ci furent greffés deux ans après. Dans le même temps, un superbe cordon d'oliviers, planté

dans un vignoble , fut ravalé à mi-bois , sa destruction presque totale en fut la suite. Ceux qui
survécurent à 1789 , restèrent chétifs et rabougris , présentant dans leur tronc l'air hideux de
la caducité ; ils ne firent presque point de fruit.
Ces faits , qu'on ne saurait révoquer en doute ,
donnent la juste mesure des effets du ravalement ; lorsque les oliviers sont parvenus à l'âge
de six , sept ou huit ans , il ne faut alors toucher
à leur cime qu'avec réserve.

Les Provençaux ravalent leurs plantations ,
quand elles ont atteint leur dixième année ; l'olivier s'élargit et s'enrichit de nouvelles pousses ;
deux ans après , on le soumet au gouvernement
des arbres faits. Notre sol et notre climat nous
obligent d'agir autrement. Je ne ferai jamais ravaler mes jeunes plants ni à mi , ni à tiers , ni à
quart de bois ; je me contenterai de mettre les
rameaux terminaux au niveau les uns des autres ;
cela suffit pour que l'olivier se garnisse partout
d'une manière uniforme et régulière , et quand
il comptera quinze ans d'existence , il sera suffisamment formé pour n'avoir plus besoin d'un
gouvernement particulier.

VIII. Une attache laissée sur la souche pour
refaire ou réparer l'arbre peut, malgré des soins
éclairés et assidus, croître avec des branches tor-
tues et vicieusement dirigées , ou avec des rameaux d'un aspect hérissé. La même disgrâce

peut frapper des attaches mises à demeure. Quand
et comment faut-il émonder les unes et les autres? Nous avons établi, en général, que c'est vers
la 3me année révolue qu'il faut commencer à
porter graduellement le fer sur les touffes et les
oliviers de nouvelle plantation. Il est question
de savoir si les attaches susdites, parvenues à
l'âge de quatre ou cinq ans, n'ont pas besoin d'un
émondage particulier; l'expérience enseigne que,
pour imprimer une direction normale aux branches de ces arbres et les faire revêtir de bonnes
feuilles, il faut les émonder à la fin d'août sans
leur ôter trop de bois ; le travail qu'ils font après
cette taille jusques à la fin de la sève est plus régulier et les rameaux font des feuilles plus larges.
Cette opération pratiquée avant la fin de la sève,
établit une différence entre la conduite que nous
venons de prescrire, et celle que réclament les
plants sans défauts. En outre, les branches de
ceux-ci ne doivent être touchées que rarement, tandis que les branches basses et mal dirigées des sujets
buissonneux doivent être diminuées par leurs sommités, pour favoriser celles qui montent régulièrement. Il est difficile d'expliquer la chose : ce
qui est certain, c'est qu'en continuant cette taille
d'année en année, ces arbres finissent par devenir aussi beaux que les autres, et même sont
plus fertiles dès que leurs bonnes feuilles ont
paru ; s'ils languissaient dans leur état primitif

de difformité, on pourrait les enter, comme nous le dirons plus bas à l'occasion de la greffe. (Voy. Chap. 5 , § VII).

IX. Tout le monde convient que le mode de culture doit varier selon la nature du sol. Les terrains sablonneux , facilement accessibles par leur friabilité à l'effondrement , ainsi qu'aux influences combinées des agens atmosphériques , peuvent sans risque être façonnés pendant les sécheresses , circonstance qui contre-indique la culture dans un verger assis sur l'argile ; les grosses mottes soulevées par le labour dans un pareil fonds durci laissent entre elles des intervalles vides par où la chaleur , pénétrant jusques aux racines , ne tarde pas à faire pâlir les arbres les plus verdoyans. On ne doit pas non plus travailler ces terres en temps humide , il en résulterait un mortier dont la dureté , pendant l'absence des pluies , est essentiellement nuisible aux oliviers , comme à la vigne. Le cultivateur exercé reconnaît , en la maniant , si la terre est propre à être façonnée ; elle ne doit être ni trop sèche , ni trop humide. Dans ce dernier cas , elle s'attache à l'outil et le rend lourd et incommode. Les terres sablonneuses , pierreuses ou graveleuses ne sont pas si sujettes à ces inconvéniens. Néanmoins , la règle générale en fait de culture , le temps des semailles excepté , est de ne point travailler la terre quand elle adhère fortement à l'outil.

Une plantation récente d'oliviers se trouve bien d'une pluie abondante ; mais il faut avoir le soin de lui donner une façon très - légère avant la dessiccation du sol, surtout si on est sur l'argile ; on prévient ainsi la formation des grosses mottes qui ne manquerait pas d'avoir lieu lorsque le temps de la culture serait venu. Hors ce cas , la première façon se donne à la fin de mai , la seconde à la fin de juin , une troisième dans le courant d'août et une quatrième en septembre ; cette dernière sera une occasion de combler les creux ouverts pour les plants; à chaque façon on n'enfoncera point l'outil , on ne fera que gratter pour briser la croûte et faire périr les herbes.

Pendant la première année , on ne doit travailler que superficiellement , par la raison que l'olivier est planté sans racines , et qu'en revanche , il s'en fait par la souche et par le tronc. On ne pourrait pas impunément priver l'arbre des sucs que lui apporte le chevelu , même celui du tronc , quelque capillaire qu'il soit.

L'olivier récemment mis à demeure demande , pendant les trois premières années , des cultures plus souvent répétées, tendant toutes à favoriser le développement de la végétation souterraine et aérienne des jeunes plants.

Les façons de la seconde et troisième années doivent se faire de manière que le premier travail réponde au mois de mars , ou , pour le plus tard , au commencement d'avril ; on ouvre la terre à plein outil , soit pour la rendre meuble à une plus grande profondeur , soit pour détruire les pousses barbues nées du tronc un peu au - dessus de la souche : il est essentiel de s'opposer à leur accroissement progressif qu'il faudrait éteindre plus tard , ce qui nuirait alors beaucoup à l'arbre. Quant aux autres façons , elles devront être un peu moins légères que celles de la première année. Trois façons suffiront à l'olivier âgé de quatre ans et au-delà ; une de plus néanmoins sera loin de lui être préjudiciable.

X. On ne fume pas les oliviers nouvellement plantés , ni la première , ni la seconde année ; mais j'ai éprouvé, sur une plantation considérable , qu'ils se trouvent très - bien des herbes fraîches ou du feuillage de toute espèce qu'on met à leur pied , avec la précaution de ne point creuser comme on le fait pour le fumier ; il suffit , en effet , de charger ces herbes avec de la terre , pour que le vent ne les emporte point. Cette couche végétale communique de la fraîcheur au sol ; et si , lorsqu'on la place, le sol est humide, ou s'il survient une pluie, la fraîcheur dure davantage et tempère les grandes chaleurs de l'été ;

c'est une très-bonne pratique, et si le sol était passablement bon, les oliviers, avec ce seul engrais renouvelé annuellement, pourraient se passer de fumier pendant nombre d'années. Le fumier lui - même n'est pas sans inconvénient ; pour les éviter, on doit en donner de bonne heure aux oliviers, c'est-à-dire, à la fin de la sève ; pendant l'hiver, le fumier tombe en pulvérulence, perd son grand feu et ne peut nuire à notre arbre dans la saison caniculaire. Il serait bon de former un fumier doux spécialement pour les olivettes ; nous en parlerons plus amplement en son lieu.

La seconde précaution à prendre pour que l'engrais ne nuise point aux oliviers, c'est de ne pas en être prodigue ; on doit l'éparpiller, le mêler avec la terre, éviter son contact avec l'arbre. C'est une faute grave que de l'amonceler contre le tronc ; car c'est aux racines seulement que sont destinés les sucs alimentaires ; le fumier entassé contre le tronc le brûle, fait pâlir l'arbre, et, si on n'y remédie, ne tarde pas à le faire périr : que de sujets bien fumés cessent de travailler et deviennent languissans par cette seule raison ! L'écorce de leur tronc noircit, se boursoufle et laisse suinter de ses gerçures une sérosité jaune et puante. Cet état n'est pas irrémédiable, si la faute est reconnue et réparée de suite.

XI. Est-il bon de butter les jeunes oliviers pour les défendre contre la rigueur du froid ? Les attaches laissées sur la souche demandent la plupart d'être buttées , par la raison que le recepage du tronc ayant été fait rez - terre, la coupure qui en résulte a besoin d'être recouverte , dans le but de la préserver des influences exagérées des saisons. Les attaches buttées se fortifient et se font de nouvelles racines, à l'aide desquelles elles deviennent de gros arbres. Il est donc nécessaire de les entourer de la terre voisine à la hauteur d'un demi - pied ou d'un pied tout au plus : si le buttage avait été fait plus haut par rapport à l'hiver , on ne négligerait pas de retirer une partie de la terre dès qu'on n'aurait plus à craindre cette saison : sans cette précaution , on verrait la souche des jeunes oliviers se former et croître au-dessus du niveau du sol ; ce qui serait un préjudice , ou tont au moins un inconvénient.

Quant aux attaches transplantées, il n'est nullement nécessaire de les butter ; leur travail s'opère au fond des creux et n'a pas tant à redouter de l'hiver ; néanmoins, il pourra être utile d'amener une légère couche de terre tout autour des troncs, pour empêcher le grand froid de pénétrer profondément ; mais à la renaissance du printemps, on devra aplanir le terrain ; car les racines ne doivent pas quitter la région profonde du sol. Je dois dire ici que je n'ai jamais jugé à propos

de faire butter les oliviers de nouvelle plantation, par la raison qu'à une certaine profondeur,
la chaleur solaire ne pénètre pas suffisamment
pour exciter la végétation : dans des climats plus
chauds que le nôtre, le buttage serait sans doute
indispensable.

XII. Il a été dit que les nouvelles plantations ont
besoin d'être façonnées à pleine lame de l'outil
dans le mois de mars de leur seconde année. Con-
séquemment, si on ensemence un pareil verger,
il faut de toute nécessité renoncer au produit de
la semence qui tomberait près d'eux ; car , si on
la laisse monter en grains , ces arbres cesseront
de croître aux premières chaleurs, vu le manque
de culture rendue par là impossible ; un été sec
qui surviendra achèvera de tuer certains oliviers ;
certains autres resteront languissans, rabougris ,
et retardés dans leur accroissement , bien que
les années d'après on ait soin de ne négliger aucune culture utile.

Tous les arbres ont besoin d'être soignés dans
leurs premières années, et l'olivier plus que tout
autre ; car les autres arbres ont des racines qui
de suite se saisissent de la terre et leur portent
la nourriture ; l'olivier est planté sans racines ;
bien plus , si on le mettait en terre avec des racines , elles lui seraient nuisibles. Il est vrai qu'il
lui est facile de s'en faire à l'aide des tubérosités

dont le crapaud est muni ; cependant ces racines, quoique nombreuses, sont trop tenues pendant les premières années pour fournir à l'arbre
tout le suc nécessaire, si on ne dispose le terrain
de manière qu'il lui communique tout ce qu'il a
d'engrais et d'aliment ; ce qu'on ne peut faire ,
si on ne purge le sol de toutes sortes d'herbes ,
et si on ne l'ameublit par des cultures convenables
et multipliées. A l'exception des vergers établis
en cordons , ceux de nos contrées ne sont guère
semés : le peu de grain qu'on en retire coûte fort
cher ; j'avoue qu'il est pourtant quelques fonds
assez bons pour donner une moisson de céréales
et une récolte d'olives ; mais les oliviers ne peuvent qu'en souffrir beaucoup. Ne serait-ce pas
mieux de les cultiver au pied en temps opportun,
de retirer en herbe le produit de la semence ,
jetée auprès de ce même pied, et de laisser monter le restant en grains ? Ceux qui suivent cette
méthode à l'égard des oliviers vieux , n'ont qu'à
s'en louer ; à plus forte raison , est-il nécessaire
d'en user à l'égard des jeunes , au moins jusqu'à
leur âge mûr.

CHAPITRE V.

Greffe.

I. On ente les oliviers qui s'épuisent en fleurs et ne font presque point d'olives ; le luxe de leur floraison les fait nommer vulgairement *bouquetiers*. Les sujets qui en proviennent sont dits *sauvageons*.

On ente les oliviers qui restent trop à prendre leurs bonnes feuilles : ce sont ceux dont les branches et les rameaux, irrégulièrement entrelacés et vicieusement abaissés vers le sol, sont parsemés de piquans comme les buissons. Il y en a qui sont très-vigoureux et qui regorgent de sève, si bien que les vents un peu violens partagent en deux les sommités de leurs branches; leurs feuilles sont petites et plus multipliées que celles des oliviers qui sont en bon état ; et quoique leur espèce soit bonne , ils ne donnent que quelques olives. (Voy. § **VII** de ce Chapitre).

On greffe les oliviers venus de noyaux , dans le but d'éviter les variétés qui résultent d'une même espèce semée. Quand on manque de sauvageons , on ente franc sur franc pour se procurer une espèce qu'on n'a pas ; nous appelons arbres *francs* ceux qui sans être greffés sont fertiles en bons fruits ; les sujets qui en proviennent n'ont pas besoin de la greffe , excepté dans certains cas , comme il sera dit ci - après. La greffe sur franc peut ne pas convenir à toutes les espèces; c'est ainsi qu'au rapport de M. *Stanislas de Bellecal* , correspondant du Conseil Royal d'Agriculture à Aix (Bouches-du-Rhône), le *Salonen* greffé sur franc est souvent infesté de la *mouffe* qui l'entraîne dans un dépérissement mortel (1).

On ente l'olivier pour qu'il résiste mieux au froid. On sait , en effet , que l'olivâtre est , toutes choses égales d'ailleurs , l'espèce qui craint le moins les hivers. « Sur une plantation d'oliviers « appartenant à M. *Desalle* , dit M. *Imbert de* « *Vitry* (2) , existe un de ces sauvageons , dont « la grosseur atteste , à ce qu'il croit , un âge

(1) Voy. son Essai sur la Gelée de 1820, etc.

(2) Voy. la lettre déjà citée de M. *Imbert de Vitry*. Dans le canton de Carpentras, on s'est aperçu que la variété *verdale* a mieux résisté au froid de 1820, lorsqu'elle était greffée sur le *poumaou* (*olea silvestris hispanica*.)

« antérieur à 1709. En 1816 , il le fit greffer sur
« deux branches avec la grosse *espèce* dite *La-*
« *mellat* ; l'arbre n'a pas ressenti la plus légère
« indisposition à la suite de l'hiver de 1820 , et
« les greffes ont conservé toute leur vigueur. On
« pourrait peut-être en conclure avec lui que les
« variétés les plus délicates , greffées sur l'oli-
« vier sauvage , résisteraient encore à un froid
« plus considérable que celui de 1820 , c'est-à-
« dire, à un froid de plus de 10 degrés au-dessous
« de la glace. » M. *de Belleval* conseille de greffer le *Salonen* sur le *Saurin* , attendu la densité
du bois de ce dernier et la plus grande résistance
qu'il offre aux gelées , puisque, dit-il, tous ceux
qui ont été greffés ainsi ont échappé aux froids
de 1820. Il serait important de déterminer d'une
manière irrévocable , l'influence que peut avoir
la greffe par rapport à la durée de l'olivier ; à
l'époque de 1789 , de dix-huit oliviers greffés
qui commençaient à me donner du fruit , six seulement résistèrent au froid , tandis que je ne perdis pas le tiers de ceux qui n'étaient point greffés
et qui étaient du même âge. De plus , avant cet
hiver , le territoire de Sarnhac (Gard) abon-
dait suffisamment en *picholines* , pour attirer les
acheteurs des villes voisines ; depuis ce désastre,
ce produit y est devenu presque nul ; à peu près
sur cinquante pieds , quarante-cinq ont péri ;
nos aïeux avaient multiplié la picholine par greffe ;

ils en avaient mis même sur des arbres fertiles ;
ainsi qu'on en est convaincu , en voyant les attaches de bonne espèce que les souches ont fournies quand les troncs ont été abattus. Enfin , on
ne peut disconvenir que le *soureau*, dont le territoire de Sarnhac abonde , a beaucoup plus
souffert que le *vermillau* et autres ; ne serait-ce
pas parce qu'il a été greffé franc sur franc, comme
on l'a pratiqué sur des sujets venus à la suite de
1709 ? Certains de nos aïeux, qui ne le greffaient
pas , bien que son allure fût buissonneuce , di-
saient que généralement les oliviers entés ne par-
venaient pas à la grosseur de ceux qui ne l'étaient
pas. Le cours de l'accroissement de notre arbre
a été si souvent interrompu par la multiplicité
des hivers trop rudes , qu'il est impossible d'as-
seoir un jugement sur cette question.

La greffe a pour résultat immédiat le changement du tronc ou des branches d'un végétal , en
tronc ou branches d'un autre végétal. Ce changement ne peut s'opérer qu'entre plantes qui ont
entre elles beaucoup d'analogie. La vigne ne
pourrait s'enter sur le noyer , ni le rosier sur le
houx, quoi qu'en aient dit les anciens. L'analogie
dans les sucs et dans la structure interne du sujet
et de la greffe sont la condition indispensable à la
reprise. Il faut, de plus, que les deux arbres soient
d'une végétation et d'une force à peu près égales.
L'expérience a appris qu'on peut greffer l'olivier

sur le troêne commun (*ligustrum vulgare*); ce mode de multiplication est en usage dans le Nord où notre arbre est cultivé comme plante d'orangerie (1).

Plusieurs greffes successives d'un arbre sur lui-même, diminuent sa vigueur et affinent ses fruits. Une greffe posée sur un sujet très-jeune se met plutôt à fruit que quand le sujet est plus âgé, mais l'arbre vit moins long-temps ; il faut donc prendre un terme moyen pour obtenir des arbres qui donnent des fruits bien nourris et pendant longues années (2).

La greffe ne peut réussir qu'autant qu'elle a lieu entre des parties végétantes ; voilà pourquoi on ne peut greffer le bois ni même l'aubier. C'est au moyen du *cambium* que s'opère la soudure des greffes; ce suc propre des végétaux, en se solidifiant et s'organisant, donne lieu au phénomène de la *cicatrisation végétale*.

II. L'olivier est susceptible de recevoir toutes les greffes connues (3). Il n'est pas vrai que celle

---

(1) Cette greffe se fait en *approche* lorsque la sève est en plein mouvement, et en *fente* immédiatement avant qu'elle ne s'y mette. (Voy. pag. 317 du *Bon Jardinier* pour l'année 1828.)

(2) Voy. pag. 64 du *Bon Jardinier*, pour l'an 1828.

(3) Telles sont : les greffes par *approche*, en *fente* ou en *poupée*, en *couronne*, à *l'anglaise*, à la *pontoise*, en *flûte* ou *chalumeau*, en *écusson*, à *œil poussant* ou à *œil dormant*. Les

en *couronne* soit la plus usitée sur cet arbre , quoi qu'en aient dit Mrs *A. Poiteau* et *Vilmorin*. On peut même avancer que l'olivier ne doit guère être greffé qu'en *écusson*. La greffe en *flûte* ne lui conviendrait pas en général ; on ne peut la faire ni sur le tronc , ni sur les branches d'une certaine grosseur ; ils sont les uns et les autres trop sinueux et trop rugueux pour recevoir une greffe en tuyau : on pourrait tout au plus enter de cette manière quelques jets bien jeunes et bien unis , et encore ce ne serait pas sans difficulté ; car il faudrait choisir pour greffe un sujet de pareille grosseur, un rameau assez volumineux, pour que la greffe qu'on en séparerait s'adaptât exactement au sauvageon : on pourrait néanmoins enter en *flûte* des jets qui font leur seconde feuille parmi ceux qui croissent autour des pieds d'oliviers. Quand on abat ou qu'on arrache ces rejetons , on peut en laisser quelques - uns pour être greffés l'année d'après , avec la précaution de poser les

greffes en fente, en couronne, en écusson sont les plus usitées dans le jardinage pour les arbres à fruits et à fleurs; les autres sont plus convenables pour les plantes de serre. D'après M. *Thouin*, tous les procédés connus se rapportent aux suivans : 1° greffes par approche; 2° greffes par scions; 3° greffes par gemmes ou bourgeons; 4° enfin greffes des végétaux herbacés. Cette dernière manière porte le nom de *greffe tschoudy*, bien qu'elle ait été connue et pratiquée au seizième siècle , et par conséquent très-antérieurement au baron de *Tschoudy* qui l'a fait revivre au commencement du dix-neuvième siècle.

greffes aussi près de terre que possible. (Il est bon de faire observer que si on opérait pareilles greffes sur les touffes des souches privées de leurs troncs, on ruinerait tout) ; quand ces entes auraient fait deux ou trois feuilles, on les sévrerait de leur mère en donnant à chacune d'elles un peu de souche de la grandeur d'un écu de six francs ; ces chevilles ainsi greffées, mises en pépinière, fourniraient en peu d'années, de beaux plants de l'espèce désirée. Tant il est vrai que les moyens de multiplier et de bonifier notre arbre sont, en quelque sorte, sans nombre!

Quant à la greffe en *écusson*, c'est d'elle principalement qu'il sera question dans ce Chapitre. Nous nous bornerons à des considérations majeures, renvoyant, pour le manuel des opérations, aux divers ouvrages qui traitent *ex professo* des greffes. Il est dangereux de poser l'écusson au bout du jeune tronc immédiatement sous la réunion des branches qui forment sa tête ; car, dans ce cas, si la greffe ne réussit pas, le jeune arbre est perdu, il pousse des jets de tous côtés ; on abat ces jets pour que la sève aille jusques à la greffe et qu'elle s'y arrête. Cependant, il n'est pas rare que cette greffe ne prospère point ; alors le cours de la sève ne se faisant plus ni par les bourgeons qui ont été enlevés, ni par la greffe qui a manqué, le tronc se dessèche et dépérit. Ceux qui se plaisent à greffer de cette manière, doivent avoir la précaution de ne pas priver le sauvageon de toutes ses pousses , mais d'en laisser quelques-unes pour entretenir le jeu de la sève jusqu'à entière réussite de la greffe. Ils doivent de même ne poser qu'un écusson sous une même ligature ; ce qui se fait en appliquant le premier plus haut et le liant de suite , le second plus bas du côté opposé sous sa ligature propre ; car si on en place un sans le lier , et qu'après on pose l'autre pour être liés tous les deux simultanément , le premier est en souffrance , la sève du sujet et celle de l'ente se dessèchent plus ou moins pendant ce retard.

La forme d'ente en *écusson* ou *emplâtre* convient aux oliviers jeunes et vieux , avec cette différence que l'on doit placer la greffe plus ou moins haut au-dessus du tronc , selon que l'arbre est plus ou moins avancé en âge.

La greffe en *couronne* est admissible pour l'olivier , dans le cas où toutes les branches de l'arbre étant trop grosses, à écorce trop dure , trop coriace , on les abat et l'on greffe sur le tronc. Du reste , il est juste de dire, qu'après la greffe en *écusson*, celle en *couronne* est la plus convenable à l'olivier.

III. A quelle époque doit-on greffer? Les Provençaux greffent leurs oliviers quand ils ont atteint leur quatrième ou cinquième année, ou même plus tôt lorsqu'ils doivent être dépouillés des branches superflues et qu'il s'agit de leur former la tête sur trois ; ils leur en laissent alors quelques-unes de plus, et sur celles-ci ils posent les greffes à un ou deux pouces au-dessus du tronc. Cette méthode n'est pas sans contredit la meilleure ; l'arbre étant encore trop jeune et trop sensible au ravalement, les greffes ne travaillent pas si vite ni avec autant de grâce qu'elles le feraient si l'arbre était enté un peu plus tard : en voici la preuve fournie par l'expérience : il y a quelques années que je consentis à ce que six oliviers parvenus à leur quatrième feuille fussent greffés de la manière susdite : les greffes poussèrent, mais avec beaucoup moins de vigueur que celles qui furent posées en même temps sur des sujets plus âgés ; de plus, je vois que, depuis ce temps, leurs troncs n'ont pas pris de l'accroissement. A une autre époque, trois jeunes plants, du même âge que les six premiers, furent traités de la même manière : le résultat a été le même ; il y a donc de l'inconvénient à opérer une greffe prématurée. Je vais exposer la méthode que je suis depuis plus de trente-cinq ans ; je la crois meilleure, parce que je n'ai jamais perdu un seul sujet et que les oliviers ainsi entés se sont formés dans très peu d'années.

Il a été dit que, quatre ou cinq ans après la plantation, les jeunes oliviers doivent être privés d'un certain nombre de branches et que leur tête doit être établie sur trois branches-mères. Cette opération terminée, j'abandonne l'olivier à son accroissement naturel, m'abstenant de la taille : lorsque les branches-mères ont formé des fourchures de la grosseur du pouce, je procède à la greffe ; je dispose mes entes, au nombre de six au plus, à environ un pied au-dessus du tronc, pour que la sève n'étant pas si restreinte, le sujet d'ailleurs étant plus fort s'en trouve mieux et les greffes poussent avec plus de vigueur : à ces avantages se joint celui d'avoir, la première année, une récolte d'olives plus abondantes et mieux nourries que celles des arbres greffés d'après toute autre méthode. Je laisse à d'autres le soin d'expliquer comment des branches cernées et par là privées de la sève qui doit leur parvenir de l'écorce, donnent du fruit plus beau et en plus grande quantité : serait-ce parce que le peu de sucs nourriciers que ces branches retirent par la voie du tronc, ne suffisant pas à leur accroissement, est tout entier utilisé par la nature au profit du fruit? ou bien parce que ces branches, ne pouvant communiquer à la totalité de l'arbre la nourriture que leur fournit l'atmosphère, privées d'ailleurs de la faculté de croître par l'opération qui les a cernées, donnent au fruit tout leur contingent de sève ?

Quoi qu'il en soit, je ne me contente pas de tirer une seule récolte de mes sauvageons entés : la seconde année, les mêmes branches m'en donnent une autre, moindre à la vérité, mais qui, jointe à la première, me représente le produit de quatre ans : je ne perds donc rien à ne greffer mes oliviers que quand ils ont acquis l'âge et la grosseur nécessaires pour entrer en une belle et abondante floraison. A tous ces avantages s'en joignent de plus grands encore, et ils regardent la conservation des entes. Ce n'est que deux ans après la greffe que j'abats la tête du sujet : par cette précaution, les greffes qui ont poussé aussi haut et même plus que les branches, se trouvent parmi elles, comme dans une cage qui les défend contre la violence des vents, les soutient en temps de neige et les empêche de rompre : les greffes sont aussi par là protégées contre le frottement des bêtes de labour et même, jusqu'à un certain point, contre la dent des bestiaux qui broutent. Enfin, la première année, la greffe, quoique vigoureuse, est délicate, et a à craindre la rigueur de la gelée qui peut par les coupures pénétrer jusqu'à elle ; cette raison est péremptoire en faveur de ma méthode.

Ceux qui croient gagner du temps et avancer leurs jeunes arbres en les entant la seconde année après la plantation, s'exposent à les perdre ou au moins à les arrêter dans leur développement. Si la greffe ne reprend pas, c'en est fait de l'arbre, par les raisons déjà exposées ; si elle reprend, sa végétation sera faible. J'ai vu de pareilles greffes ne pas aller au-delà de deux ou trois pouces dans l'espace de deux ans : les sujets deviennent pâles et rabougris ; leur tronc desséché offre une écorce gercée et recouverte de mousse ; tout en eux annonce qu'ils ont souffert et souffrent encore. Les soins les plus assidus ne pourraient qu'après longues années rétablir ces arbres dans cet état de vigueur qu'ils présentaient lors de la greffe, tandis que des sujets soumis à ma méthode seront des arbres faits avant que ceux traités différemment aient fait des branches à peine de quatre pieds de haut : le bois de ces derniers, durci par défaut de sève, doit faire craindre qu'ils ne restent nains. Tous les agronomes s'accordent à dire que la greffe ne peut réussir si le sujet n'est robuste : or peut-on croire qu'un plant d'olivier qui aura été mis à demeure depuis treize à quatorze mois, ait acquis assez de force pour supporter la perte qu'il subit nécessairement en recevant la greffe ? Comment le concevoir, puisque ses racines égalent à peine la grosseur d'une demi-ligne de diamètre ?

Il est des cultivateurs qui font coïncider l'époque de la greffe avec celle de la plantation ;

il n'y a rien là d'extraordinaire. Nos jardiniers entent leurs sauvageons auprès du foyer pendant la soirée, et le lendemain ils les mettent en place : maintes fois j'ai fait de même , et j'ai parfaitement réussi. Ce procédé ne doit être employé qu'à l'époque où l'on ente en *fente* , lorsque les yeux à fruit sont bien formés , et pourtant avant la floraison. On ne risque donc rien de poser une greffe sur un olivier et de le planter immédiatement après , pourvu qu'on ne cède pas au plaisir de l'ébourgeonner pour la favoriser, quand même elle aurait poussé avec vigueur; sans quoi, on s'expose à voir périr l'arbre ou du moins à tenir la greffe rabougrie dès sa naissance. Ceux qui veulent hasarder leur peine en greffant de cette manière, doivent suivre , à l'égard de leurs plants ainsi entés , la même conduite que celle que réclament les arbres plantés sans greffe , et ne toucher aucunement à leur travail jusques au commencement de novembre : alors on peut ébourgeonner les troncs, en laissant la greffe ainsi que les jets qui doivent former la tête de l'arbre. L'année d'après , qui est la seconde , on commence à favoriser la greffe en abattant une partie des pouces sauvages : la troisième ou quatrième année , les pousses adoptives seront mises seules en possession de tout le tronc , et elles seules en formeront le chapeau. Si la greffe n'a pas repris, comme il arrive souvent, le tronc en sera quitte pour avoir une cicatrice qui ne lui portera pas un grand préjudice.

L'époque de la greffe est la même pour les oliviers jeunes et vieux : la greffe lève bien quinze ou vingt jours avant l'état de parfaite floraison, et ne lève plus lorsque les fleurs sont bien épanouies et tombent à terre. Si on veut avoir une récolte, il faut greffer l'année que le sujet ferait beaucoup de fruit s'il était fertile.

IV. Quand nous entons nos arbres fruitiers en *écusson*, nous tirons nos greffes des jets de de l'arbre que nous voulons multiplier ; ces jets sont pris de préférence du côté du midi ; ils sont choisis parmi ceux qui feraient du fruit l'année suivante : j'ai constamment suivi cette méthode toutes les fois que j'ai voulu enter des oliviers jeunes , et j'ai très-bien réussi. Ceux qui greffent leurs jeunes arbres sur le tronc et non sur les fourchures des branches-mères, prennent les greffes sur des rameaux qui vont entrer en floraison ; c'est ainsi que j'ente les vieux oliviers ; ces rameaux doivent être suffisamment gros pour fournir un écusson d'un pouce et quelques lignes en carré.

On aura l'attention de se procurer les greffes

sur des oliviers du pays qui parviennent au
plus bel accroissement, qui résistent le plus aux
rigueurs du froid et qui donnent de plus abondantes récoltes. Il est bon de savoir que telle
espèce très-fertile en un lieu, l'est quelquefois
très-peu en un autre. On peut cependant faire
à cet égard quelques essais et tâcher d'enrichir
sa contrée de plusieurs espèces qui lui étaient
inconnues.

Pour faire la levée des greffes, on incise en
couronne avec un bon greffoir au-dessus de
l'œil ou des yeux qu'on veut prendre : une seconde incision parallèle à la première sera faite
en dessous; on incisera enfin une troisième fois
de haut en bas du côté opposé à l'œil ou aux
yeux; cette dernière incision représente la longueur de la greffe, laquelle, si elle est bien
levée, forme un large anneau dont le développement sur une surface plane offrira un carré
parfait ou un carré long ; on greffe ensuite comme il va être dit :

Sur l'écorce du sujet incisez en demi-cercle
ou à peu près vers le haut ; puis sur les côtés
faites deux incisions rectilignes partant des ex-
trémités de la ligne demi-circulaire, et descendant autant qu'il faut pour former une fenêtre
où l'on puisse commodément placer la greffe :
l'écorce sera enlevée de haut en bas, étant
coupée en liteaux ; sans cette précaution, com-

me elle est épaisse et grossière, elle casserait : l'écorce du sujet présente ainsi une solution de continuité égale en figure à la greffe elle-même, mais un peu plus grande en surface que celle-ci. Cela fait, on retourne au rameau dont on lève les yeux ; on en détache la greffe par le bout avec le plat du manche du greffoir, et on achève la levée avec les doigts. Il est important d'examiner si les yeux sont pleins en dedans ; s'ils étaient vides (ce qui a lieu lorsque les germes sont restés adhérens au bois), pareille greffe serait de nulle valeur. La greffe étant placée sur le sujet, on la couvre de l'écorce coupée en liteaux, puis on fait la ligature avec des bandes fraîches tirées des verges de mûrier et mieux encore d'ormeau (1) : la greffe étant assujettie avec le pouce de la main gauche immobile, on prend de la main droite une bande qu'on applique par le bout le plus large quelques lignes au-dessus de l'ente ; quelques tours de bande et le pouce de la main gauche maintenant fixe ce commencement de ligature, on achève celle-ci au-dessous de la greffe. En tournant la bande, ayez soin de ne presser ni trop ni trop peu.

Ces diverses manœuvres doivent s'exécuter

____

(1) Les bandes tirées du mûrier sont épaisses, regorgent d'une liqueur douce qui plaît aux fourmis et les attire, celles de l'ormeau sont plus minces, peu succulantes et plus flexibles.

dans le moins de temps possible, si on opère lentement, la sève du sujet s'évente, la greffe se hâte et ne reprend pas. Quelques agriculteurs ne font l'emplacement sur le sujet qu'après avoir levé la greffe pour en examiner la bonté ; celle-ci reste ainsi séparée du rameau tout le temps nécessaire à la confection de la fenêtre : on conserve par là la sève du sujet dans toute sa fraîcheur ; mais la greffe ne perd-elle pas à ce retard? Pour éviter cet inconvénient, il est bon de ne greffer l'olivier qu'autant qu'il est bien en sève, et que la greffe se détache facilement après l'avoir tracée et en faisant tourner et pressant légèrement entre les doigts le bout du rameau qui la fournit, à peu près comme font les enfans quand ils tirent un tuyau de l'écorce d'une jeune branche de saule pour en faire un sifflet.

Si l'on ente un jeune olivier sur les branches, tout se fait de même et avec la même célérité, avec la différence seulement qu'au lieu de faire une fenêtre carrée, on fait une coupure de bas en haut jusques à l'incision semi-circulaire ; après quoi, on émeut l'écorce par ses deux bouts au point d'intersection des deux lignes : en incisant de bas en haut, on doit éviter de toucher au bois et n'enfoncer la lame du greffoir qu'autant qu'il faut pour faire l'ouverture. La greffe sera tracée de manière que l'extrémité

inférieure sera en pointe, de même que le bout
du rameau duquel on la sépare. L'écorce du
sujet, déjà un peu ébranlée, fait place inconti-
nent à la greffe ; un retard trop prolongé nuirait à l'un et à l'autre. La forme pointue de
l'ente est nécessaire pour faciliter, sans pression,
son emplacement ; de plus elle est mise ainsi
en contact immédiat avec la sève fraîche du sujet ; si la greffe ne s'appliquait pas facilement
(ce qui aurait lieu si elle n'était pas pointue),
elle pourrait se doubler par quelqu'un de ses
angles ; ce qui serait un obstacle à la reprise.

J'ai observé que cette dernière façon de greffer
est la meilleure, pour que les greffes aient une
végétation vigoureuse et rapide : la jeunesse
de l'ente hâte et favorise la reprise du germe ;
d'ailleurs, n'ayant pas au-delà d'un pouce de
longueur, la greffe n'a pour l'ordinaire qu'un
ou deux yeux, et partant elle ne pousse pas
une touffe, mais seulement un ou deux jets
tout au plus, qui croissent aussi vite que l'herbe
des prés ; cela est si vrai que, quand les travailleurs, à mon insçu et contre mon usage,
ont voulu abattre trop tôt les branches cernées
de quelques oliviers entés, les branches adoptives
étaient si belles et donnaient tant de prise aux
vents, qu'étant privées d'appui, elles en ont été
grandement endommagées.

S'il arrive que, par mégarde, on ait placé

les greffes du haut en bas , comme on le pratique sur les orangers , elles n'en sont pas moins
bonnes ; elles pousseront d'abord vers la terre;
mais bientôt on les verra prendre la direction
convenable.

Les jeunes oliviers-rejetons doivent être greffés
près de la terre ou de la souche autant qu'il se
peut ; c'est afin qu'étant transplantés , la greffe
soit couverte et ne paraisse pas au dehors ; car
si elle faisait saillie , il se formerait tout autour
du jeune tronc une exubérance ou bourrelet qui,
arrêtant la sève , croîtrait de plus en plus , et
le sauvageon placé au-dessous serait proportionnellement plus petit que le reste de l'arbre :
ce qui est un fort grand inconvénient , soit
pour le coup d'œil , soit pour l'accroissement de
l'olivier; car l'arbre végète toujours relativement
à sa base , qui , dans ce cas , serait beaucoup trop
faible ; c'est pour cela que nos jardiniers ont
renoncé à greffer en *flûte* certains arbres. Quant
à l'olivier , on remédie à ces désavantages si
le plant mis à demeure se trouve greffé bien
bas : la greffe de cet arbre ne pourrit pas dans
la terre ; le bourrelet qu'il se ferait , serait
une nouvelle souche au-dessus de celle du sauvageon ; celle-ci pourrait être arrachée dans son
temps, n'étant plus d'aucune utilité ; alors l'arbre
adoptif produirait , par le bas , des jets qui
seraient francs et n'exigeraient pas le greffage.

Quant aux oliviers déjà formés , quelques cultivateurs ravalent à mi-bois et usent d'un petit
nombre de greffes qu'ils disposent au bout des
branches principales près des coupures. D'autres
se contentent de les cerner toutes à la même
hauteur de mi-bois , et emploient une plus
grande quantité de greffes qu'ils placent sur
les branches latérales moins grosses répandues
dans l'arbre à diverses distances du tronc ; l'arbre
ainsi cerné et greffé , donne une bonne récolte
d'olives , à la suite de laquelle on coupe le bois
qui a porté , au même endroit où l'arbre a
été cerné. J'ai greffé deux oliviers vieux d'après
cette seconde méthode ; toutes les greffes reprirent , et après avoir perçu la récolte de tous
les deux , je dépouillai l'un du bois qui avait
produit , et je laissai l'autre intact pendant deux
ans ; je perçus de celui-ci une seconde récolte ,
après laquelle ses branches furent abattues : il
fut formé en peu d'années , et s'est conservé
dans sa première vigueur jusqu'à présent. L'autre
sujet poussa de même très-vite et très-vigou-
reusement ; mais les vents détachèrent une partie
des greffes , et mutilèrent les autres au point
que cet olivier alla toujours dépérissant ; l'hiver
de 1789 acheva de le détruire.

La meilleure façon de greffer les grands oliviers serait donc de leur laisser un bon nombre
de branches pour y placer une certaine quantité

de greffes. Rien n'empêche d'en abattre, quand l'olivier serait formé, s'il en avait trop. Il est sûr que les greffes un peu nombreuses viennent plus vite et de meilleure grâce : le cours de la sève ayant alors plus de jeu et s'exerçant dans un champ plus étendu, l'arbre doit s'en trouver mieux, ainsi qu'il a été établi en principe.

V. Quant à la manière de *cerner* la greffe qui a été posée, il est certains greffeurs qui traitent l'olivier comme les autres arbres : ils abattent toutes les branches du sujet et ne laissent que celles dont l'extrémité doit recevoir l'ente, et les coupent de même avant ou après le greffage : cette pratique mérite des reproches. L'olivier, répétons-le à satiété, diffère des autres arbres : si la greffe travaille bien, elle sera, à coup sûr, abattue par les vents ; si elle travaille peu, c'est une preuve que l'arbre aura souffert des coupures multipliées faites dans un temps où la sève abonde et s'exhale facilement : d'ailleurs, c'est se priver, sans nécessité, d'une très-bonne récolte. Voilà les inconvéniens d'une taille intempestive.

L'opération du *cerne* proprement dit consiste à couper nettement et circulairement l'écorce du sujet à un pouce, ou environ, au-dessus de la ligature, et à faire une seconde incision, pa-

rallèle à la première , à dix lignes de distance :
on enlève facilement l'écorce qui se trouve circonscrite par les deux incisions. La sève ainsi
interceptée , n'a d'autre voie d'ascension que
par les fibres du bois ; elle fournit dès-lors à
la greffe une nourriture plus abondante. Si on
entait *au dormant* , on placerait la greffe comme
il a été prescrit , on ferait la ligature , et jusques à l'année prochaine on n'aurait rien à
faire.

Après avoir cerné l'ente , on abat tout le
petit bois qui se trouve en dessous , et on cerne
de même les branches à fruit non entées (1).
Ce cerne est tout-à-fait semblable au premier.
Si on omet de le faire sur les branches à fruit,
elles seront nourries à pure perte aux dépens
de l'arbre et de la greffe ; car elles ne feront
pas de fruit. Quelques jours après , on défait
les ligatures : on choisit pour cela un temps
non pluvieux , pour que les deux sèves qui ne
sont encore qu'agglutinées , ne soient pas alté-
rées par l'humidité atmosphérique.

C'est à la fin de l'hiver que j'abats, aux arbres
greffés , les branches cernées qui m'ont donné

____

(1) Le cerne, arrêtant l'ascension de la sève , force l'arbre de
nouer et de se charger de fruits. Il en est de même pour les chênes
verts lorsqu'on les écorce pour le tan : la sève qui est alors en
pleine activité , est la cause de la récolte magnifique de glands qui se
fait sur ces arbres si on les laisse subsister (Voy. l'ouvrage cité de
M. *Stanislas de Bellosal*).

deux récoltes : l'arbre est tout-à-fait rajeuni par cette opération ; et tandis qu'auparavant il présentait une tête jaunissante entremêlée de verdure, on le voit tout à coup orné d'un chapeau tout vert et d'une admirable vigueur.

Après avoir défait les ligatures, vous visiterez de temps en temps les sujets greffés : vous abattrez les pousses du sauvageon ; il faut pourtant en laisser quelques-unes pour donner du jeu à la sève jusqu'à ce que les jets adoptifs aient acquis la longueur d'un ou deux pouces.

Il est bon d'être prévenu que les greffes peuvent être attaquées par des fourmis ou des vers qui, se nichant entre l'écusson et l'écorce du sauvageon, se nourrissent de la sève superflue et ne disparaissent que lorsque les entes ayant poussé pendant un mois ou un mois et demi après la greffe, la partie habitée par ces animaux s'est remplie de bois nouveau ; mais dans cet intervalle, la sève sera toute absorbée : il faut donc se hâter d'extraire les vers de leur gîte avec la pointe du greffoir. Quant aux fourmis, si leur nombre devait mettre l'arbre en péril, on s'en débarrasserait avec quelques poignées de cendre mises au pied du tronc. (Voy. Chap. 4, § II.)

Lorsque la reprise des greffes sera assurée et que leur végétation sera satisfaisante, il ne faut point pour cela les abandonner jusqu'à ce

tournure agréable. Mais comme les arbres entés passent pour ne pas être d'aussi longue durée que ceux qui ne le sont pas, je préfère ne point greffer les attaches dont je viens de parler, et j'attends que d'elles-mêmes elles acquièrent la forme et les feuilles convenables : elles demandent un peu plus de soin et de patience ; et si elles sont de bonne espèce, elles ne nous trompent point dans nos espérances. (Chap. 4, § VIII).

Il est des attaches de toute espèce d'oliviers qui restent basses, petites, buissonneuses, et qui vieillissent en cet état, ne paraissant bonnes à rien. L'expérience m'a appris qu'en les arrachant avec un peu de souche et les mettant en terre les uns assez près des autres, comme en pépinière, elles peuvent devenir de beaux plants. C'est que l'olivier, quoique vieux, se refait, et rajeunit au moyen de la souche qui, comme il a été dit, établit la différence de cet arbre d'avec les autres. Si ces attaches doivent rester à demeure pour réparer un sujet dont le tronc menacerait ruine, on fera bien de le greffer sur le tronc lui-même ; il arrive souvent que pareille greffe pousse, la première année, de la hauteur d'un beau plant.

Pourrait-on assigner : 1° les causes diverses de l'accroissement irrégulier de certains oliviers, 2° les moyens capables d'y remédier ?

La cause la plus commune de ces difformités est le dérangement de la circulation séveuse par les grands froids : ainsi des hivers qui n'ont pas été suffisamment rigoureux pour détruire un jeune olivier, ont occasioné un trouble dans sa végétation en entravant le libre cours des sucs nourriciers ; de là la petitesse des feuilles, l'irrégularité des branches et rameaux, leur direction vicieuse vers la terre, etc., accidens qui peuvent frapper des arbres qu'on a greffés pour rectifier leur allure ; c'est encore là une raison qui justifie ma patience à l'égard de ces sortes d'oliviers transplantés ou laissés à demeure sur leur mère : je les abandonne à eux-mêmes sans les greffer, comme on l'a vu ; l'expérience m'a montré l'utilité de cette pratique négative et expectante.

De toutes les attaches venues à la suite de 1789, je n'ai greffé que les sujets non fertiles ; quant à celles qui ont cru sur les souches des *soureaux*, quoiqu'elles fussent la plupart hérissées, je n'ai pas jugé à propos de les enter. Plusieurs ont péri pendant des hivers moins rudes que celui de 1789, la plus grande partie des autres rentraient dans l'état buissonneux, à mesure qu'elles commençaient à en sortir ; cependant ces attaches ont repris peu à peu leurs bonnes feuilles, leur direction normale, et elles donnent beaucoup de fruit : ces oliviers n'ayant pas été gref-

fés , seront peut-être de plus longue durée que
ceux qui l'ont été, et ils font du fruit presqu'aussitôt que ces derniers.

Il arrive souvent que la même souche produit des attaches à bonnes feuilles droites , et
qui donnent du fruit quatre ou cinq ans après
leur sortie de terre , et qu'elle donne naissance
à d'autres attaches qui sont difformes et hérissées : en creusant autour de celles-ci, on
s'aperçoit aisément que le bois carié , sur lequel elles s'élèvent, est la vraie cause de leur
état irrégulier.

Deux attaches , de quelque espèce qu'elles
soient , également vigoureuses , dont l'une a
la tête hérissée et l'autre l'a fort agréable , après
avoir été transplantées dans le même fonds et
en même temps , toutes les deux recevant les
mêmes cultures , ayant leur souche bien saine
et poussant avec vigueur , peuvent offrir le sin-
gulier spectacle d'une végétation régulière et
robuste chez l'attache qui est hérissée , et d'un
accroissement vicieux et difforme chez l'attache
auparavant gratifiée d'une allure gracieuse et
saine. Cette particularité n'est pas expliquée
en disant que l'une de ces attaches a mieux repris
que l'autre , puisqu'on a supposé que la végétation de toutes les deux est dans le même état
de force et de santé. Ce n'est point non plus
à l'espèce qu'il faut attribuer ici la différence des

résultats ; car les deux plans sont supposés être de la même nature : d'ailleurs , tout olivier fertile ou sauvageon , enté ou non enté , est sujet au changement en question : il faut pourtant avouer que notre *soureau* y est plus sujet qu'aucune autre espèce.

Sans doute , outre les causes déjà énumérées , il en est d'autres qui amènent dans les oliviers un accroissement vicieux ou retardé ; telles sont le mauvais gouvernement , le manque de culture, la faiblesse du terrain , etc. Mais le retour aux conditions favorables n'est pas immédiatement suivi de l'amélioration désirée : il faut du temps pour que l'arbre revienne à cette régularité qui satisfait l'œil et fait concevoir d'heureuses espérances. Contentons-nous de savoir remédier aux défauts de nos oliviers , d'abord par la patience et l'expectation , ensuite par l'émondage annuel du mois d'août quand l'arbre a atteint sa quatrième ou cinquième année , et enfin par des soins plus assidus , et entr'autres par la précaution d'enterrer au pied de l'olivier des feuillages ou des herbes fraîches , outre l'engrais commun comme il a été dit (Chap. 4 , § X.)

On croit communément qu'il est une espèce de *soureau* qui resterait toujours buissonneux si on ne le greffait : on se trompe , puisque de la même souche de ce dernier , comme de celle des autres espèces , il naît des attaches droites

et à bonnes feuilles, et d'autres qui sont irré-
gulières. On voit dans des haies, dans des
broussailles, de ces sortes d'oliviers qui, quoique vieux, sont susceptibles de venir à bien
si par une culture bien entendue on les délivre
des plantes voraces qui les entourent, et si on
les émonde annuellement au mois d'août : on
peut aussi leur ôter leur aspect sauvage, en
les transplantant et les soignant convenablement;
avec le temps, ils ne le céderont en rien aux
arbres les plus réguliers.

CHAPITRE VI.

Culture des Oliviers.

SOMMAIRE — I. Utilité de la culture. — II. Parallèle entre la culture à bras et le labour. — III. Manière de cultiver les olivettes; époque où il faut donner les façons. — IV. Culture des olivettes qu'on ensemence.

I. Les travaux qui ont pour but de porter le fer dans le sein de la terre, offrent plusieurs avantages incontestables : 1° Plus on divise les molécules de terre, plus on multiplie les pores intérieurs du sol, plus on augmente les surfaces propres à la végétation ; cette division peut s'opérer par le moyen de l'engrais, ou par l'action mécanique de la houe, de la bêche, etc. Or, il est bien plus avantageux d'augmenter la fertilité des terres par les labours que par le fumier ; la récolte de vingt arpens, dit *Duhamel de Monceau* (1), suffit à peine pour

---

(1) Voy. ouvrage cité, tom. 1, chap. 6.

en fumer un. 2° La culture ne divise pas seulement les molécules, elle les change de place et renverse le terrain : elle favorise ainsi les impressions atmosphériques qui sont si nécessaires à la vie végétale (1). 3° La culture facilite

(1) M. J. B. *Fray* a établi : 1° que les atomes dont la terre abonde constituent la matière active qui nourrit les végétaux : 2° que ces atomes ou globules organiques doivent leur formation et leurs propriétés aux diverses combinaisons des principes de l'eau, de la lumière, du calorique avec les substances atmosphériques. Les racines des végétaux, dit-il, ayant la faculté de n'absorber de la terre que les globules nutritifs qui leur conviennent, on peut comprendre pourquoi l'agriculteur a soin de varier ses cultures ; car si l'on sème pendant plusieurs années de suite le même végétal ou les espèces de sa famille naturelle dans la même terre, elle s'épuisera en peu de temps. Selon cet auteur, la matière active se forme tous les jours par la triple union de l'eau, de l'air et de la matière solaire : l'eau elle-même, exposée à l'influence des gaz atmosphériques, a la propriété de se charger d'une matière particuculière, indispensable à la végétation et à la nutrition des plantes, et cette substance est d'autant plus abondante que l'eau est plus longtemps soumise à l'action de l'atmosphère. (Voy. son ouvr. intitulé : *Essai sur l'origine des Corps organisés et inorganisés*, etc. Paris, 1817, un vol. in-8°.) Suivant M. *Azaïs*, les points du globe disposés à la fertilité la plus marquée sont ceux vers lesquels, abstraction faite de la latitude, l'aiguille d'inclinaison se penche avec le plus de force ; et quand un lieu précédemment fertile, a cessé de l'être, c'est par l'action, soit brusque, soit soutenue, des causes qui ont affaibli son magnétisme local : or, d'après cet auteur, la culture serait le moyen le plus propre à appeler vers la surface de la terre cette action magnétique sans laquelle il lui paraît qu'il ne peut y avoir de végétation : il en conclut que les cultures multipliées doivent à la longue affaiblir la fertilité naturelle qu'elles avaient d'abord développée. (Voy. *Explicat. univers.* tom. 1. Paris, 1826, chap. 11, pag. 278, 281).

les progrès des racines dans la terre, par la raison que le milieu, dans lequel elles végètent, en devient plus meuble et plus facile à pénétrer. 4° Les labours sont également favorables aux terres, même légères et très-friables, en ce qu'ils multiplient les points de contact des racines avec les molécules terreuses, car ces terres ont le défaut d'offrir aux racines des vides trop espacés : cependant les terres légères n'exigent pas autant de labours que les fortes. 5° La culture détruit les mauvaises herbes qui effriteraient le terrain. 6° Enfin un avantage des labours est celui-ci : il est prouvé que quand on coupe ou qu'on rompt une racine, elle ne s'allonge plus, mais bientôt elle produit plusieurs racines au lieu d'une, et ces nouvelles racines sont très-propres à fournir beaucoup de nourriture aux plantes : or, en labourant, on coupe ou l'on rompt beaucoup de racines et, partant, on multiplie les suçons toutes les fois qu'on laboure ou qu'on bêche (1).

Les anciens avaient senti toute l'importance des cultures multipliées : c'est dans ce sens que *Columelle* disait : *Nec dubium quin minùs reddat laxus ager non rectè cultus, quàm Augustus eximiè*. *Virgile* a exprimé la même idée dans ses

______

(1) Voy. ouvr. cité de *Duhamel de Monceau*, tom. 1, chap. 1, pag. 11 et 12.

Géorgiques (l. 2) *Laudato ingentia rura, exiguum colito*. Les grandes propriétés étaient devenues fort à la mode dans le siècle dernier ; mais depuis que leur morcellement s'est opéré sous les auspices de la civilisation , on s'est convaincu encore plus que l'avantage du propriétaire était moins dans la possession de domaines étendus que dans l'administration bien entendue d'un champ circonscrit . M. *Casimir Delavigne* a dit avec raison :

> Partagez le champ le plus stérile ;
> Un seul le négligeait, deux le rendront fertile.
> Les talens sont le fruit de la rivalité :
> Souvent un fils unique est un enfant gâté (1).

II. La charrue , la bêche à bec , la houe , tels sont les instrumens avec lesquels se fait la culture de l'olivier : la préférence donnée à l'un sur l'autre doit être motivée principalement sur la nature du terrain :

La culture à la bêche à bec , ou à la houe, est sans doute la meilleure ; elle fait produire plus de fruit, soit à la vigne , soit à l'olivier. La charrue , dont on se sert pour les olivettes , ne coupe pas toutes les herbes ; elle laisse des portions de sol non ouvertes , à cause des raies

____

(1) Discours d'ouverture du second Théâtre Français , prononcé le 23 octobre 1819.

angulaires qu'elle forme : aussi voyons-nous qu'après une grosse pluie qui a entraîné la partie meuble de nos guérêts, la surface de ceux-ci présente de petites éminences dures, de figure irrégulière, que la charrue n'a pu atteindre ; elles marquent le nombre de labours, et laissent vivre le chiendent et les herbes qui ont leurs racines un peu profondes. Malgré ses avantages, la culture à bras est employée dans peu d'olivettes, par la raison que les bêtes de labour font ce travail, en grande partie, quand la culture des terres à blé n'est pas très-urgente : d'ailleurs, le labour est plus expéditif, plus facile, et moins dispendieux.

La charrue a peut-être cet avantage sur la bêche, que ce dernier instrument coupe toutes les racines qu'il rencontre, au lieu que la charrue ne fait souvent que transplanter les racines d'un lieu à un autre, d'une terre usée dans une terre neuve (1).

M. *Stanislas de Belleval* dit avoir toujours observé que dans les vergers, où l'araire n'entrait jamais, et qui sont constamment travaillés à bras, les oliviers résistent toujours plus que là où ils sont seulement labourés et béchés au pied (2).

(1) Voy. ouvr. cité de *Duhamel du Monceau*, tom. I, chap. x, pag. 136, 137.

(2) Voy. Essai sur la Gelée de 1820.

« On pensait encore naguère, dit M. *Imbert*
« *de Vitry*, qu'il importait peu de cultiver
« les plantations d'oliviers à la charrue ou à la
« bêche. L'expérience a décidé en faveur de cette
« dernière méthode. On évite ainsi de mutiler le
« bout des branches qui, pendant de tous côtés,
« forment des berceaux, et auxquelles se trouve
« d'ordinaire attachée la majeure partie du fruit.
« Cette mutilation est l'effet nécessaire du pas-
« sage successif du bétail attelé à la charrue.
« Celle-ci d'ailleurs, dans son trajet, brise et
« entraîne la partie des racines qui rampent à
« la superficie du sol, etc. » (1).

III. Nous exigeons, dans nos baux à ferme,
que le rentier donne trois façons avec la charrue, la première dans le courant de février,
la seconde pendant le mois de mars, et la
troisième en mai ; c'est ce que nous appelons
labourer les oliviers en bon père de famille. A
chaque labour, on cultivera autour des arbres
la partie de terrain que la charrue n'a pu atteindre. On est généralement d'accord, touchant
l'utilité d'un quatrième labour donné aux olivettes dans le courant d'août, lorsqu'une pluie
favorable a pénétré suffisamment pour que le
soc ne touche point le sec : mais si cette pluie

(1) Voy. la lettre déjà citée de M. *Imbert de Vitry*.

n'arrive pas , les opinions sont partagées : les
uns disent qu'un pareil labour nuit à l'arbre
et fait couler le fruit ; les autres labourent
sans crainte leurs vergers , même pendant la
sécheresse. Je suis de l'avis de ces derniers ,
et je crois que *qui laboure* , *arrose*. Ouvrir la
terre par un temps sec et chaud , c'est la disposer à recevoir plus facilement l'influence des
nuits qui commencent dès-lors à être longues
et fraîches : d'ailleurs , les oliviers labourés
pendant le mois d'août , travaillent mieux en
automne ; de plus , le labour faisant périr les
herbes , le chiendent , entr'autres , se trouve
de beaucoup diminué l'année d'après. Il conste
aussi qu'après la mi-août on laboure les olivettes sans s'exposer à la coulure : la consis-
tance que les olives ont acquise à cette époque ,
ainsi que la solidité de leur pédoncule , doivent
les faire persister malgré les brouillards , les
petites pluies et les matinées humides. Que
si , en certaines années , beaucoup d'olives tombent vers la fin d'août et dans le courant de
septembre , c'est une perte commune aux vergers , quelle qu'ait été la manière dont on les
a façonnés : ce n'est ni au labour , ni à la sécheresse qu'il faut imputer cette disgrâce , c'est à
un ver qui habite le noyau de l'olive et qui ,
après avoir dévoré l'amande , y meurt ou en sort
en coupant le pédoncule.

La culture à la bêche ou à la houe doit se donner aux mêmes époques que le labour.

Le laboureur chargé de soigner une olivette, doit tirer ses raies droites et serrées ; il tâchera d'émouvoir toutes les surfaces : il éloignera surtout de la souche et du tronc des oliviers la charrue et les bêtes, en ayant soin de se dévier en dehors de l'espace qui, sur le sol, correspond à la circonférence du chapeau de l'arbre : il doit laisser ainsi intacte une surface suffisamment grande qui devra être travaillée à bras. Ces règles sont peu suivies de la plupart des laboureurs ; et c'est pour cela que tant d'attaches qui ont repris sont ébranlées et dépérissent après avoir poussé avec vigueur ; c'est pour cela encore que le tronc des arbres est écorcé, que les souches sont ébréchées, que tant d'olives coulent. Les Provençaux évitent tous ces inconvéniens : la majeure partie de leurs olivettes étant plantée en quinconce, ils labourent d'abord du nord au midi, et ensuite du levant au couchant ; et bien que les branches des oliviers pendent à peu de distance du sol, les bêtes de labour les touchent si légèrement qu'aucun dommage n'est porté ni aux rameaux ni aux fruits ; ce labour croisé laisse chaque pied au milieu d'un carré qu'on cultive à bras. Cette pratique qu'il serait bon d'imiter, n'est pas admissible dans des vergers qui , primitivement disposés en quinconce , n'offrent plus qu'une collection irrégulière d'arbres , à cause des hivers rigoureux à la suite desquels les oliviers qui ont péri ont été remplacés sans alignement , ou se sont écartés de leur première place en repoussant par les côtes de la souche. C'est ce qu'on voit dans presque tous les cantons de Vaucluse et du Gard.

Les labours , de quelque manière qu'on les exécute , ne doivent point atteindre les racines.

Le fer , en les déchirant , prive l'arbre d'une partie de sa nourriture et cause quelquefois la carie des parties mutilées. La profondeur des cultures doit donc être proportionnée à la nature du fonds. Il serait bon d'accoutumer les jeunes oliviers à une culture profonde , dans les terrains où elle est possible. La fraîcheur du sol , ainsi que la vigueur de l'arbre , sont toujours proportionnelles à la quantité de terre qu'on a rendue meuble.

IV. Jusqu'ici nous avons parlé de la culture des vergers qu'on ne sème point , ainsi que de celle des oliviers de nouvelle plantation. Occupons-nous maintenant des labours à donner aux olivettes dont on ensemence le fonds. Ces dernières sont en cordons ou en vergers : les premiers sont cultivés comme le champ où ils se trouvent , avec la différence qu'un tenancier

un peu exact à l'attention de semer, sous ses
cordons, du seigle ou de l'orge qu'il fait couper,
avant la maturité, pour en faire manger l'herbe
à ses bêtes de labour ; de suite après il cultive
cette partie dépouillée : c'est ainsi qu'on se conduit à l'égard des mûriers, dans les pays où
on les prise plus que chez nous.

Quant aux vergers proprement dits, on sait
que, par avidité ou par besoin, plusieurs cultivateurs ensemencent leurs olivettes, bien qu'ils
ne doivent pas le faire ; que les récoltes de
ces fonds sont très-modiques, soit en grains,
soit en olives, et que les oliviers dépérissent
au lieu de prospérer. On ne saurait disconvenir que la plupart des olivettes qu'on est
en usage d'ensemencer ne fussent déjà tombées
en décadence, même avant la terrible époque
de 1789.

On sème avec profit un verger dont le fonds
est bon, quand le nombre des oliviers n'est
point complet ou que les arbres sont généreusement espacés ; alors, quand la terre est
en jachère, on cultive ces derniers comme on
le fait pour le blé, en ayant toujours soin de
travailler à bras l'espace qui entoure chaque
pied. Après la moisson, une culture est nécessaire, quelle qu'elle soit, ne ferait-on que
gratter le sol, et au mois de septembre on donne
le second labour.

On ne doit point semer les vergers dont
le sol est graveleux et léger ; on aurait lieu de
s'en repentir : d'après l'avis judicieux de M.
Couture, il convient de les labourer trois ou
quatre fois l'année de la taille , pour détruire
les mauvaises herbes et pour leur conserver leur
peu d'humidité et de fraîcheur , mais surtout
de leur donner moins de labour l'année de
la récolte : c'est , dit-il , un moyen pour les
forcer à mieux retenir leur fruit (1). Il est
bon d'être averti que dans les vergers ensemencés , surtout lorsque le fonds est faible ,
les jeunes arbres en particulier sont beaucoup
plus susceptibles de ressentir l'influence des
hivers rigoureux.

Les anciens avaient constaté les avantages
qui résultent de la pratique d'ensemencer les
olivettes dont le fonds est substantiel : ils avaient
conseillé de diviser les vergers en deux parties ,
pour les ensemencer alternativement chaque
année : *Optimum est*, dit *Columelle*, *constitutum
jàm et maturum olivetum in duas partes divi-
dere, quæ alternis annis fructu induantur; neque
enim olea continuo biennio uberat. Cùm sub-
jectus ager consitus non est , ager cuniculum
agit, cùm seminibus repletur , fructum affert.
Ità sic divisum olivetum omnibus annis æqualem*

____

(1) Voy. Traité sur l'Olivier , par l'abbé *Couture*, tome 1.

redditum affert. De plus, *Olivier de Serres* a dit : « L'expérience monstre que quand la terre « est ensemencée, les oliviers portent du fruit; « et estant vuide, s'amusent à faire du bois, « pour l'abondance de nourriture que le fonds « donne aux arbres : dont s'advançant en ra- « meure, se rendent capables, par après, à « fructifier » (1).

M. l'abbé *Céature* (2) a expérimenté que lorsqu'il ensemençait ses olivettes, il en retirait un très-grand profit, puisque indépendamment de la récolte de grains qu'il y obtenait, il avait beaucoup plus d'huile que lorsqu'il suivait la pratique opposée.

M. *Stanislas de Belleval* rapporte que feu M. son père obtint le même résultat dans les épreuves auxquelles il soumit une de ses propriétés complantée en oliviers. « Tant qu'il « semait, dit-il, l'année que les oliviers devaient « charger, il était sûr d'obtenir et du blé et « de l'huile ; séduit par l'avis de quelques « agriculteurs, il voulut ensuite se borner à « labourer et à houer ses oliviers ; ils firent « du faux bois et étalèrent une végétation

(1) Voy., du reste, le Mémoire de M. *Olivier*, de l'Institut, intitulé *des Causes des Récoltes alternes de l'Olivier*, inséré dans le premier volume du *Journal d'Histoire Naturelle*, par *Lamark, Brugnière*, etc. Paris, 1792.

(2) Ouvr. précité, tom. 1, pag. 179, 191 et 192.

« superflue. Cette expérience, que j'ai vu renou-
« veler pendant six ans consécutifs , lui fit re-
« prendre la précédente culture , et je la con-
« tinue par les avantages qu'elle m'offre » (1).
Le même agronome fait observer , qu'il ne
faut semer l'olivette que l'année de sa récolte ,
parce qu'on force l'arbre à nouer son fruit.
Après la moisson , on doit détruire le chaume ,
arroser à plein et raviver les arbres , par une
culture aussi soignée qu'entendue ; mais il faut ,
ajoute-t-il , pendant l'année de repos , qui se
trouve être celle de la taille , fumer les oliviers
et multiplier , autant que possible , les labours.

Les olivettes ensemencées retiennent mieux
leur fruit : si la terre est bonne , la récolte est
abondante ; mais , pour l'ordinaire , ces olives
sont plus petites que celles des vergers non
ensemencés : elles donnent une moindre quantité d'huile , laquelle , à la vérité , est de la
même qualité et ne laisse pas que d'être achetée
au même prix , tandis que les marchands esti-
ment inférieure celle qui provient des olivettes
trop arrosées et trop nourries : c'est ce que
l'on voit en Provence , où les propriétaires dont
les vergers sont arrosables , recoltant avec abondance , éprouvent un rabais sur le prix de leurs
huiles.

(1) Voy. l'Essai sur la Gelée de 1820 , déjà cité.

Sans doute la culture bien entendue donne des droits incontestables à la reconnaissance de l'arbre. Mais qu'on ne croie pas pour cela qu'il soit possible de lui faire produire chaque année une récolte également copieuse. Les vergers ensemencés ou non et de quelque manière qu'ils soient disposés, fussent – ils encore mieux entretenus, ne donnent qu'une récolte dans l'espace de deux ans : *Neque enim olea continuo biennio uberat* (1). On recueille pourtant toujours quelques olives pendant l'année de repos. Il est un moyen de faire produire annuellement à l'olivier une récolte considérable, quoiqu'inégale ; c'est de l'émonder un peu après chaque récolte : cet émondage annuel, joint à une bonne administration, l'aide beaucoup dans son accroissement ; il est facile de s'en convaincre en jetant comparativement les yeux, d'un côté, sur certains petits vergers exclusivement travaillés à bras, et, d'un autre, sur ces olivettes, auxquelles on se contente de donner les labours et les engrais prescrits et accoutumés, le cultivateur ne pouvant ou ne voulant pas faire mieux à cause de la dépense.

(1) *Columelle.*

CHAPITRE VII.

Engrais.

I. L'engrais agit comme la culture : l'un n'est pas moins nécessaire que l'autre, si l'on veut retirer de l'olivier une récolte bisannuelle , abondante et régulière. Il faut fumer les terres fortes comme les terres légères , pour empêcher les premières de former une masse trop compacte , et pour fournir aux secondes les parties nutritives qui leur manquent.

L'*engrais* se forme des débris des animaux et des végétaux amenés à un certain état de décomposition. L'engrais purement animal est très-puissant ; celui qui est purement végétal , l'est beaucoup moins ; le meilleur est un mélange de l'un et de l'autre , c'est ce qu'on appelle *fumier*.

Le but qu'on se propose en administrant l'engrais, est la formation de l'*humus* (terreau) , qui est la condition indispensable à toute végétation.

On entend par *compost* le mélange de diverses terres , de divers engrais propres à former une terre particulière jugée la plus favorable à la culture de telle ou telle sorte de plantes. Nous avons déjà parlé en son lieu du terrain le plus propre à l'olivier (voy. Chap. 3 , § III). Il a été également question de l'engrais par rapport à l'olivier lors de sa plantation (Chap. 3, § II). Nous ajouterons ici que les terres incultes et les bois que l'on défriche conviennent très-bien à notre arbre ; il y croît plus rapidement qu'ailleurs , parce qu'il s'y nourrit du détritus qui y abonde, et qui résulte de feuilles et d'herbes putrifiées , ainsi que des lambeaux de laine que les troupeaux abandonnent çà et là en broutant. La nature fait ainsi de véritables composts.

Quant aux *amendemens* , ils diffèrent des engrais , en ce qu'ils n'apportent aucune partie nutritive à la terre ; leur utilité consiste à donner du corps aux terres qui en manquent et à rendre plus légères celles qui sont trop lourdes ou tenaces : les cendres des cheminées , de lessive , de houille , la suie , les plâtras , la chaux , la marne , sont des amendemens ; il faut avoir soin de ne les employer que dans des fonds d'une nature opposée à la leur. En Normandie , on ré-

pand de la chaux sur les guérêts pour augmenter
leur fertilité ; cette pratique ressemble à celle de
la Bretagne et autres provinces où l'on brûle les
terres pour les rendre fertiles. Autrefois , avant
le déboisement de nos contrées , lorsqu'on voulait convertir en terre labourable une pièce de
bois , on y mettait le feu et l'on comptait que les
cendres fournissaient à la terre un engrais considérable. La suie avait toujours été considérée
comme un bon engrais ; on ne l'employait qu'en
nature , et c'était alors un *amendement* ; mais
depuis que M. *John Robertson* a éprouvé, qu'en
la délayant dans l'eau et en arrosant avec cette
eau , elle produisait un meilleur effet , plus immédiat et moins dispendieux , ce moyen est devenu un véritable engrais. On pourrait en utiliser l'emploi par rapport aux olives. Ainsi que
l'atteste M. *Imbert de Vitry* (ouvr. précité) ,
le meilleur engrais pour notre arbre , celui dont
l'effet est le plus durable , ce sont les décombres
provenant des démolitions de vieux bâtimens
construits uniquement avec du mortier et du plâ-
tre. Il faut néanmoins éviter d'employer les
vieilles corniches peintes qui se trouvent souvent
parmi ces débris ; car , les oxides métalliques
(l'oxide de fer excepté) sont mortels à l'olivier. « On a vu , ajoute-t-il , plusieurs fois dans
« le Bas-Languedoc , d'imprudens propriétaires
« qui avaient fumé leurs oliviers avec des terres

« provenant des caves où l'on fabrique le vert-
« de-gris , perdre ces arbres très-peu de temps
« après les premières pluies. En prenant la pré-
« caution de rejeter ces oxides, on ouvre la terre
« qui recouvre chaque souche , et l'on y intro-
« duit de l'engrais de vieux mortier et de plâ-
« tras , que l'on recouvre de terre à la hauteur
« d'un mètre. Par ce moyen , la gelée pénètre
« moins au cœur de l'arbre. Cette opération se
« répète au moins tous les deux ou trois ans, etc. »

Il serait assez difficile , dans l'état actuel de la science , de déterminer avec précision quelle est dans l'engrais la partie la plus active , la plus propre à la végétation. On a dit que le fumier n'agissait que par sa température , vu l'énergie de la colombine qui s'échauffe beaucoup. La Société Royale d'Agriculture de Paris a établi que c'est relativement aux principes azotés que l'engrais est utile aux plantes; l'urée en particulier a été considérée comme le premier aliment des végétaux. Suivant M. *J.-B. Fray* , pour qu'une terre soit fertile , il faut qu'elle recèle dans son sein une *matière organique* (fumier), que les *globules actifs* puissent facilement s'y établir par le mélange et l'union des fluides atmosphériques; il faut que cette terre retienne assez long-temps l'humidité , la chaleur et les agens de l'atmosphère; de là, le marnage. Ainsi il faut qu'elle ne soit ni trop légère ni trop compacte; il faut de plus qu'elle soit souvent labourée et remuée, afin qu'elle soit exposée à l'air et à la chaleur par un plus grand nombre de surfaces. On est souvent obligé de laisser reposer les mauvaises terres, celles où la matière nutritive est rare et où elle se forme lentement. Dans certains pays, ajoute-t-il, où la pierre est très-rare, les cultivateurs entourent leurs propriétés de murs faits de terre, après que ces murs ont subi quelque temps l'influence atmosphérique, ils contiennent une grande quantité de substance nutritive qui fertilise singulièrement les champs sur lesquels on répand les débris de ces clôtures (1). L'abbé *Rozier* avait reconnu que le pisé, lors de sa démolition, est un engrais excellent pour les terres à blé, la vigne, etc., surtout lorsque cet engrais a été enterré dans un lieu très-humide pendant quelques mois (2).

Suivant M. *H. Azaïs*, l'action vitale s'exerce magnétiquement. On serait plus exact en disant que la végétation, comme la vie des animaux, s'exerce par le concours d'une foule de circonstances qui isolément seraient peut - être des élémens de mort. C'est ainsi que pour la

(1) Voy. *Essai sur l'origine des Corps organisés et inorganisés, et sur quelques phénomènes de Physiologie animale et végétale*, par J.-B. *Fray*; Paris, 1817.

(2) Voy. tome septième du Cours complet d'Agriculture, etc.; rédigé par l'abbé *Rozier*; Paris, 1786, au mot *pisé*.

plante il faut reconnaître la nécessité de l'air , de l'acide carbonique , de l'eau , de l'électricité , du calorique , de certaines émanations maritimes (1) , des matières animales et végétales réduites à l'état de détritus , de quelques substances minérales , etc.

II. Nous exigeons de nos fermiers qu'ils fument les olivettes de quatre en quatre ans , choisissant pour cela l'année de l'émondage ou du repos.

(1) On a remarqué que l'olivier n'a jamais pu croître dans l'intérieur de l'Asie et de l'Amérique, quoique la latitude lui soit d'ailleurs favorable. *Bernardin de St.-Pierre* dit, dans ses *Etudes*, avoir observé lui-même que cet arbre ne donne pas des fruits dans les îles et sur les rivages *où* il est à l'abri des vents de mer. Il attribue à cette cause la stérilité de ceux qu'on a plantés à l'île de France , sur son rivage occidental, qui est abrité des vents d'est par une chaîne de montagnes. Les émanations maritimes seraient donc indispensables à l'olivier , puisqu'il commence à dégénérer dès les premiers pas qu'il fait dans les terres. Suivant M. *Stanislas de Belleval* , le *saurin* (plant d'Istres , picholine) aime tellement le voisinage de la Méditerranée, et son influence est si nécessaire à sa fructification, que c'est en vain qu'il fleurit dans les lieux où ses émanations ne peuvent se faire sentir : « A Belleval , dit-il , où « je ne suis distant que d'une lieue de l'étang de Berre, je n'ai « jamais pu voir ces arbres (les *saurins*) chargés de fruits. La gros « seur de leur tronc et la circonférence que leur branchage occupe « font présumer qu'ils pourraient donner séparément et donneraient « en effet, dans un lieu propice, de 10 à 12 décalitres d'olives , « tandis qu'ils ne m'en rendent pas un. Cette minime récolte, qui « est loin de se reproduire tous les ans, n'a lieu encore que lorsque « quelque vent du sud ou d'est souffle, et qu'il apporte jusqu'à eux les émanations de la mer pendant l'acte de la fructification. » Ouvr. cité).

Ceux qui les fument de deux en deux ans font encore mieux ; ils n'y mettent pas tant de fumier et ne s'exposent point à brûler leurs arbres lorsque l'été qui survient est trop sec. Les fumiers employés sont tirés de la basse-cour ou de la bergerie, ou bien on forme un mélange des uns et des autres. Les pieds des oliviers se trouvent bien, en outre, des terres des rives, des fossés et des creux ; cet engrais se donne en toute saison, parce qu'il ne brûle pas ; il faut en excepter la terre des mares qui reçoivent les eaux des moulins à huile. Cette terre projetée, comme on le fait pour les prés, sur la surface du sol à l'endroit où tombent les branches, produit un effet merveilleux ; ce dont on s'aperçoit bientôt, si, après l'avoir répandue dans le temps où les oliviers travaillent, elle est ensuite délayée par une pluie suffisante pour pénétrer jusqu'aux racines ; les feuilles en deviennent plus épaisses, plus larges et plus vertes : si l'arbre prend ses grappes, elles sont plus longues et plus robustes ; et l'olivaison ne manque pas d'offrir un fruit mieux nourri, une récolte plus abondante que celle des arbres qui ont été privés de l'engrais en question. Or, cette même vase déposée dans un trou autour du pied et recouverte comme le fumier, brûle l'arbre et montre tout son ravage trois ou quatre ans après ; tandis que si cette terre est portée aux oliviers pendant l'hiver et mise sous l'arbre, comme il a été dit, le propriétaire s'en félicitera au retour du printemps suivant. On ne doit pas être surpris des bons et des mauvais effets des eaux des moulins à huile; elles sont, en grande partie, composées de l'*amurca* émanée de la pulpe de l'olive ; or ce principe mêlé à six parties d'eau commune, est un excellent engrais pour les oliviers devenus malades ou languissans pour s'être épuisés en fruit.

Une des questions les plus difficiles à résoudre, est sans contredit celle qui est relative à l'administration des engrais ; ce qui donne à l'arbre le suc vital peut être pour lui un poison mortel ; le fumier brûle l'olivier, si l'on ne prend à cet égard les précautions nécessaires : la première regarde la saison, la seconde la quantité, et la troisième l'emplacement.

Il serait bon que, la cueillette des olives achevée, le tenancier pût de suite fumer ses oliviers; les pluies, d'ordinaire assez fréquentes en hiver, amènent une détrempe dont les racines s'abreuvent utilement pour les temps de sécheresse ; mais on fume assez communément les oliviers à la fin de l'olivaison jusques au mois de mars ; ceux qui à cette époque n'ont pas achevé de les fumer, répandent l'engrais sur tout l'espace couvert par les branches, et l'enterrent à la bêche ou à la houe, comme s'il s'agissait de semer du blé. C'est peut-être la meilleure manière d'agir, du

moins , ne s'aperçoit-on pas que les arbres aient
à en souffrir ; mais cette méthode exige trop d'engrais, et l'on objecte de plus , que le fumier doit
agir plus efficacement lorsqu'il est placé plus près
des racines.

M. *de Belleval* veut que l'on retarde l'époque
de fumer jusqu'au mois de mars , surtout pour
les sols secs et légers et pour les localités favori-
risées d'un abri quelconque. Suivant feu M. *Bosc*,
cette opération devrait être reculée jusqu'après la
floraison de l'olivier ; car il conste , dit-il , que
toute augmentation de l'action végétative un peu
avant et pendant cette époque , amène la coulure.
L'époque de la destruction du buttage , dit M. *de
Belleval* , sera aussi celle de fumer , afin que les
pluies vernales puissent activer la fermentation
de l'engrais pour favoriser les progrès futurs de
la végétation. D'après l'abbé *Rozier* , l'automne
paraît être la saison la plus favorable pour fumer
les oliviers , et le mois d'octobre doit être choisi
de préférence. Les fumiers répandus à la fin de
l'hiver , en mars et surtout en avril , ne produisent pas , d'après cet agronome , tout l'effet qu'on
est en droit d'en attendre , à moins que des pluies
un peu fortes ne surviennent : *Corpora non agunt,
nisi sint soluta.* De cette diversité d'opinions , il
faut conclure que l'époque de fumer les oliviers
doit varier suivant les climats et les localités.

En automne et en hiver, on place le fumier dans

un large trou autour du pied de l'arbre ; la profondeur de ce creux doit être relative à celle de la terre végétale, elle ne doit jamais aller jusqu'aux racines ; celles-ci touchées par le fumier se carient. Si l'engrais n'est point adouci, comme je le suppose, il ne doit être en contact ni avec le dessus de la souche, ni avec ses environs ; on se contente alors de couvrir celle-ci avec de la terre. N'imitez pas ces cultivateurs qui, après avoir creusé une petite excavation autour de l'arbre, mettent leur fumier et sur la souche et dans le trou, et le couvrent d'un peu de terre ; cette pratique est si vicieuse, qu'en certains étés on voit plusieurs olivettes pâlir et courir un grand danger ; les feuilles se racornissent, les olives se rident ; et, si l'automne n'est pas pluvieuse, le fruit et l'arbre restent en ce mauvais état jusques au mois de novembre et même de décembre, et donnent très-peu d'huile ; bien plus, l'année d'après, quelque favorable que soit la saison, ces olivettes ne travaillent pas. En outre, les tas de fumiers sont de véritables nids à insectes qui nuisent aux racines des arbres (1).

(1) *Duhamel du Monceau* conseillait l'expédient suivant pour neutraliser cette propriété désavantageuse du fumier ; c'est, lorsqu'on commence un tas de fumier, de saupoudrer chaque couche d'engrais avec de la chaux vive. Cette opération doit tuer les insectes, rendre le fumier plus gras et d'un meilleur usage, et détruire aussi la plupart des graines qui engendrent les mauvaises

Quant à la quantité de fumier à administrer aux oliviers, la charge d'une petite bête doit suffire pour un beau pied ; il en faut moins pour les arbres moins grands.

III. Malgré l'observance de toutes les précautions indiquées, une olivette peut offrir cette pâleur, vrai signe d'un état de souffrance ; c'est ce qui arrive lorsque la sécheresse de l'été a été extrême : en pareil cas j'ai fait ouvrir la terre autour des pieds ; j'ai exhumé le fumier ; la puanteur qu'il a exhalée alors était un indice indubitable de l'influence caustique qu'il commençait à exercer sur mes oliviers : tant il est difficile de se conformer en tout à la maxime qui dit : *fume tes oliviers et ne les brûle pas.*

Il est donc d'une haute importance de savoir adoucir le fumier. Du buis, des broussailles, du feuillage des bois, sont employés à cette fin dans certains cantons : ailleurs on fait pourrir à demi par les pluies, les joncs et les ro-

herbes (ouvr. cité, tom. 1, chap. VI, pag. 56.) On avait utilisé la particularité susdite du fumier, pour garantir des vers les racines et les jets des petites plantes de blé ; c'était, ainsi que le dit le même auteur, de mettre auprès de la pièce ensemencée, un tas de fumier environ de deux charretées, c'est-à-dire, assez considérable pour conserver intérieurement sa chaleur ; les vers s'y jettent infailliblement, et si on l'ouvre vers le mois de mars, on y trouvera une grande quantité de ces vers qu'en Périgord l'on appelle *mulots* ou *grillets*, en patois *trauque-courge* (ouvr. cité, tom. II, troisième partie, chap. 1, pag. 364.)

seaux des marais , et on les porte ainsi aux
oliviers : ce serait bien mieux d'ajouter à ce
dernier engrais , une quatrième partie de fumier
d'écurie , d'en faire exactement le mélange , de
l'entasser et de le laisser fermenter quelques
jours de plus : la litière servirait de levain à
cette fermentation ; les joncs et les roseaux
multiplieraient ainsi cet engrais ; ce mélange
a l'avantage de ne pas brûler , de quelque
manière qu'on le donne ; j'en conseille donc
l'emploi à ceux qui peuvent se le procurer sans
beaucoup de frais.

Je ne pense pas que la paille soit bonne
pour la multiplication du fumier : son tissu
trop compacte résiste à l'imbibition pluviale et
à la pénétration du ferment , tandis que la
substance médullaire et tendre du jonc , la sou-
plesse du feuillage du roseau rendent ses plantes
plus aisément putrifiables et partant plus propres
à recevoir l'humidité et à l'entretenir dans
l'intérêt du système entier de l'olivier.

Je dois faire observer que lorsqu'on entasse
dans un creux les substances destinées à multiplier le fumier , il faut les stratifier avec
l'engrais légèrement mêlé à de la terre ; les
diverses couches , rendues ainsi plus pesantes ,
assujettissent mieux le tas et favorisent par là
la fermentation : de temps en temps on bassine
le tout en pluie fine , de peur de dissiper la

force du ferment : quand les matières sont à demi pourries, on remue le tout pour opérer un mélange parfait, on l'arrose une seconde et une troisième fois s'il le faut, et quelques jours après on en fait l'emploi.

La pratique que je viens d'indiquer a obtenu la sanction d'une longue expérience : les plantations auxquelles j'ai donné, pendant plusieurs années, du fumier ainsi multiplié, quoique les oliviers fussent placés dans un vignoble, sont devenues de toute beauté ; les plus anciennes ont pris leur onzième feuille ; leurs branches sont longues de 9 à 10 pieds, et forment un chapeau de 28 pieds de circonférence : les autres, plus récentes, sont tout aussi belles relativement. Il ne s'agit ici que des olivettes où le fumier a été répandu sur la surface du sol, comme il a été dit : mais je dois surtout me féliciter des plantations qui ont été accompagnées de couches d'engrais convenablement disposées dans le creux même des arbres, sans toutefois que les racines en eussent le contact ; j'ai vu mes plants croître avec la rapidité des saules plantés dans une terre d'alluvions le long d'une eau courante : la première année les jets ont été nombreux et longs de 2, 3 ou 4 pieds : leurs progrès ont toujours été croissans.

Les algues servent en Hollande, en Suède et en Italie, à la composition des fumiers.

On en fait la litière aux bestiaux, et on les
répand dans les cours. Mais comme elles se
décomposent difficilement, il faut les laisser
fermenter en tas plus long-temps qu'on ne le
fait pour les fumiers de paille. On provoque
cette décomposition en mélangeant l'algue avec
la chaux. Les habitans des villages situés aux
environs de la mer, la répandent dans les rues
où le piétinage et l'urine des bestiaux en forment
un engrais utile. L'algue marine (*zostera ma-*
rina) est aussi employée sur les côtes de Bretagne et de Normandie à la composition des
fumiers. En Danemarck cette plante est employée
dans les couches de jardin : on en forme à cet
effet un lit qu'on recouvre avec du fumier ordinaire. Elle s'échauffe plus difficilement que
les fumiers d'animaux, mais aussi elle conserve
sa chaleur un plus long espace de temps (1).

Dans quelques contrées on se sert du marc
de raisin mêlé au fumier. On a dit que ce
marc jeté dans la circonférence d'un olivier
chasse les insectes qui nuisent à ses branches,
à ses racines ; cependant l'abbé *Rozier*, tout
en convenant de la bonté de cette assertion,
avoue n'avoir jamais été assez heureux pour
voir les effets avantageux d'un pareil moyen.

(1) Voy. *Journal des Connaissances usuelles et pratiques*,
n° 5, tom. 1, août 1825, pag. 194, 195.

Il n'en est pas moins vrai que c'est là un engrais assez bon , et qui est encore meilleur si on l'a laissé pendant un temps convenable fermenter avec des matières animales. Il ne faut jamais perdre de vue que les fumiers, de quelque nature qu'ils soient , n'agissent qu'autant qu'il y a eu décomposition de leurs principes constituans. La nature ne fait rien que par l'état moléculaire.

Le produit des latrines est bien un excellent engrais pour notre arbre ; mais son administration exige des précautions. A Nice , à Gênes , à Lucques et dans une grande partie de l'Etrurie , où la paille manque , on est obligé de se servir de ce produit : d'où résultent deux avantages , relatifs l'un à la propreté des villes , et l'autre à la bonification des terres. Si le terrain est plat , on y dispose çà et là les matières alvines , dans de petits creux d'un pied de profondeur , à quelque distance des troncs. Si le terrain est en pente , on creuse un fossé demi-circulaire de de la même profondeur , du côté qui est le plus élevé , à la distance déterminée par la circonférence de l'olivier. On a soin d'adoucir avec une bonne partie d'eau commune l'engrais versé dans ces fosses. Tous ces peuples qui ont leurs olivettes voisines de la mer se servent de l'algue que les flots vomissent sur le littoral ; mais cette plante est très-peu abondante sur ces côtes:

ils achètent aussi les vieilles étoffes de laine, ainsi que les rognures des vieux habits chez les tailleurs ; ils en mettent quelques livres sur chaque souche de leurs oliviers, et cet engrais, disent-ils, suffit pour quatre ans : cet usage est surtout établi à Gênes.

En résumé, fumer les oliviers sans les brûler est le point essentiel : la mitigation du fumier par des substances convenables résout très-bien la question. Il serait à désirer que la chose fût à portée de tous les agriculteurs.

IV. La pratique qui consiste à répandre l'engrais à la surface du sol et à cultiver ensuite celui-ci, comme on le fait pour les céréales, est un puissant moyen de prévenir les fâcheux effets de l'action trop vive du fumier ; mais le père de famille oppose qu'une quantité d'engrais ainsi projetée, étant égale à celle qu'on met d'ordinaire dans une excavation au pied de l'arbre, ne serait pas suffisante, par la raison que les vents et le soleil dessèchent facilement la portion qui n'a pas été recouverte par la culture, et que la charrue a dispersée çà et là par tout le verger : au contraire, dit-il, le fumier posé au pied de l'olivier fait beaucoup plus de profit, en ce qu'il tient la souche chaude en hiver et lui communique sans perte tout ce que la couche contient de molécules organiques.

Il faut l'avouer, la plupart des cultivateurs ont une propension bien marquée à fumer sur la souche ou du moins tout autour : il semble en effet raisonnable de mettre les alimens à portée du magasin de la sève ; c'est dans cette vue que ceux qui le peuvent couvrent la souche avec de la terre des rives ou des fossés avec des feuillages et des herbes ; mais ceux qui emploient de cette manière le fumier tel qu'il vient du tas, bien loin de rafraîchir et de raviver la base vitale de l'arbre, ne font qu'y déposer des germes brûlans de destruction. Il est de science vulgaire que le fumier trop profondément enfoui n'est pas aussi profitable au blé et aux légumes que celui qu'on distribue plus superficiellement. Les oliviers plantés en cordons ne sont, pour l'ordinaire, fumés qu'à l'instar des terres à blé, et cependant ils deviennent grands et fertiles.

On objecte, avons-nous dit, la dessiccation facile et inutile d'une portion de l'engrais, lorsque celui-ci est recouvert légèrement par la terre cultivée ; mais ce dernier inconvénient, qui est commun aux terres à blé et encore plus aux prés, n'empêche pas l'engrais d'exercer son influence bienfaisante ; en voici la raison : le fumier n'opère qu'autant qu'il est mis en mouvement par l'action délayante des pluies, action qui ne manque jamais de porter aux racines les

élémens nécessaires à la nutrition végétale ,
quelle que soit la position superficielle de l'engrais; tandis que la méthode qui consiste à en-
fouir celui-ci dans des excavations autour de
l'arbre, est un obstacle visible au délaiement
dont nous parlons, surtout si l'année est domi-
née par la sécheresse.

C'est une erreur de croire que le fumier ,
reposant profondément aux alentours de la souche , soit pour l'olivier une défense assurée
contre les grands froids : les hivers rigoureux
n'épargnent pas plus les oliviers fumés que ceux
qui ne le sont pas; en effet, toutes choses égales d'ailleurs , une motte de fumier sera plutôt
durcie par le froid qu'une motte de terre , et
celle-ci sera plutôt devenue friable par le dégel
que celle-là.

Reste encore une objection à détruire : une
quantité de fumier répandue à la surface du sol
étant égale à celle qu'on inhumerait autour du
crapaud, serait , dit-on, *insuffisante* pour fournir la nourriture convenable. — Supposons d'a-
bord que l'assertion fût vraie en elle-même ;
elle ne détruit pas les graves inconvéniens de
la méthode de l'inhumation. D'ailleurs une gé-
néreuse culture à bras que recevrait l'olivier
à chaque distribution d'engrais, suppléerait en
partie à l'*insuffisance* qu'on objecte. Le fumier
recouvert d'une légère couche de terre , ameu-

blit le sol et le rend partant plus apte à nourrir les végétaux quels qu'ils soient.

J'ai éprouvé que le terreau retiré des mares qui reçoivent les eaux des moulins à huile, étant répandu sur le sol et n'étant recouvert que lors du labour, produit un effet merveilleux; pourquoi n'en serait-ce pas ainsi de toute espèce de fumier, avec la précaution toutefois de cultiver aussitôt qu'on aurait éparpillé l'engrais, et ce dans le but de mieux l'utiliser?

Je regrette de n'avoir pu m'assurer directement par des expériences comparatives, de la préférence que méritent l'une sur l'autre les deux méthodes dont nous venons de discuter les avantages et les inconvéniens. Il faudrait, dans cette vue, avoir une olivette d'une certaine étendue, laquelle serait d'égale qualité de terre dans toutes ses parties; on en fumerait, avec le même fumier et en même temps, pendant quatre ou six ans, une moitié superficiellement et l'autre moitié dans des excavations : les deux ou trois récoltes, qui succéderaient à deux ou trois engrais, mettraient hors de doute laquelle des deux méthodes de fumer serait la préférable.

Dans le département des Bouches-du-Rhône, on sème dans l'olivette, vers la Saint-Michel, de la vesce d'hiver (*garoute*) que l'on fauche en fin mai lorsqu'elle est en pleine floraison. Cette coupe est enfouie de suite dans les conques ou trous circulaires que l'on forme au pied des oliviers. Un arrosement que l'on donne immédiatement après cette opération et qui est indispensable pour sa réussite, active la fermentation des plantes enfouies en vert, et donne à l'arbre un état de vigueur incroyable et fait abonder ses produits (1). Quelques personnes enterrent cette vesce, pendant l'année de la taille, lorsqu'elle est en pleine floraison, et sèment le blé qui sera coupé à l'époque de la cueillette des olives. « Un pareil assolement, « dit M. *Stanislas de Belleval*, peut exister « quelque temps sans aucune interruption ; « mais je désirerais voir de temps à autre reparaître les labours du printemps; ils sont « trop utiles pour être totalement écartés. »

(1) Ouvr. cité de M. *Stanislas de Belleval.*

CHAPITRE VIII.

Taille.

I. Il est vrai que la taille augmente la sensibilité de l'olivier ; bientôt après cette mutilation, on voit cet arbre languir, ce qui dure quelquefois jusqu'à la fin du printemps : ses feuilles revêtent un vert pâle ; ses pousses paraissent sans vigueur et sont couleur de cendre ; si quelques grappes se montrent, elles sont courtes ; les boutons sont petits et ne présagent que la disette. Il n'en est pas de même de l'arbre qui est dans son année de rapport et qui n'a point été taillé : tout retrace en lui l'énergie et la force : les feuilles, les brins, les rameaux sont verts et luisans, les grappes longues et bien nourries, les grosses et les petites branches riches de sève ; mais cette comparaison ne doit point nous alarmer ; c'est vers la mi-juillet qu'il faut aller admirer les résultats de la taille : à cette époque l'olivier qui n'a pas été émondé, prodiguant la sève à son fruit, semble la refuser aux pousses ; mais l'arbre taillé, n'ayant que peu ou point d'olives, va toujours s'embellissant. Je me suis souvent donné le plaisir d'entrer sous le berceau formé par les branches, et là, adossé au tronc et jetant de tous côtés mes regards satisfaits, je n'ai vu que rameaux vigoureux purgés d'épines et de bois languissant. Cette expérience doit être faite, parce qu'elle offre le moyen d'apprécier le véritable état de l'arbre et le mérite de l'émondeur.

Les oliviers, quoique sensibles à la taille, n'en reçoivent donc aucun dommage, ou, pour mieux dire, ils n'en retirent que des avantages bien constatés. Voyez, en effet, ceux qui restent plusieurs années abandonnés à eux-mêmes ; rien n'est plus hideux que leur aspect : leur branchage est un ensemble de bois mort ou jaunissant et de quelque vestige de verdure : ils fleurissent peu et donnent encore moins d'olives.

La taille prive l'arbre d'une bonne partie de ses feuilles, organes si utiles à sa nutrition. Si on coupe, dit *Duhamel du Monceau*, la moitié ou les deux tiers des feuilles d'un arbre qui est en pleine végétation, on s'aperçoit, au bout de deux ou trois jours, que cet arbre a perdu sa sève ; l'écorce reste adhérente au bois; on ne plus écussonner l'arbre un jour après la défoliation. Un saule, un peuplier, un orme qu'on laisse croître sans les étêter, subsistent un siècle sans que leur tige se creuse. Au contraire, leur tronc se pourrit promptement quand on en forme des têtards : le retranchement répété des branches et des rameaux leur fait donc un tort sensible (1).

On sait qu'on ne taille pas les oliviers en Corse, qu'on les taille rarement dans quelques parties de l'Italie, et qu'on les mutile trop dans certains cantons de la France. Sans doute, le tort qu'une taille trop forte, ou mal dirigée, a fait aux oliviers dans quelques pays, a dû faire déprécier et abandonner une pratique qui, en elle-même, procure des résultats si heureux. Ce n'est environ que depuis soixante-dix ans qu'en Provence on pratique cette opération entre le Rhône et Marseille ; cet usage s'est introduit encore plus tard dans le Var, et Toulon n'a suivi cet exemple que depuis un petit nombre d'années, puisque c'est à M. *de Suffren*, de Salon, que les cultivateurs de cet excellent terroir sont redevables de cette coutume que

______

(1) Ouvr. précité de *Duhamel du Monceau*, chap. II, pag. 19, tome premier.

tant d'auteurs ont blâmée. La taille des oliviers
a de beaucoup augmenté le produit de ces arbres ; mais toutes les méthodes ne sont pas
également avantageuses ; chaque espèce deman-
derait une taille particulière , et c'est précisément ce qu'on n'a jamais fait jusqu'à ce jour.
Rien , dans l'agriculture du Midi , n'est moins
régulièrement suivi que cette pratique ; mille
méthodes contradictoires sont également prô-
nées ; les ouvriers les plus ignorans sont communément chargés de ce travail , et chacun
d'eux a sa routine , dont aucun conseil, aucune
prière ne sauraient le détourner (1).

La taille, avons-nous dit , doit varier suivant
les espèces d'oliviers. Le *gros ribié* qui , dans
le Var , fournit les plus grands arbres , craint
prodigieusement la mutilation , et ne peut que
bien difficilement se remettre lorsque ses grosses
branches ont été amputées. Au contraire, le *bécu*,
que M. *de Gasquet* propose d'appeler *olivier
de Lorgues*, ne craint ni la taille , ni les fortes
amputations. Il ne prospère même qu'au milieu
d'une taille forte et fréquente. Le *cayon*, ou
plant d'Entrecasteaux, est de telle nature que
ses plantations sont celles qui , après les gelées,
donnent le plus tôt des fruits , quand on n'a pas

(1) Voy. la lettre de M. *Lautard*, sur les oliviers atteints par
la gelée du 12 janvier 1820, adressée à S. E. le Ministre de l'intérieur le 17 août 1821.

hésité à les tailler vigoureusement. On émonde fortement aussi la *verdale* du canton de Carpentras , parce que cette espèce travaille continuellement, et qu'elle pousse une multitude de rameaux. La taille du *saurin* (*plant d'Istres*) doit être faite avec la plus scrupuleuse surveillance , parce qu'elle influe singulièrement sur la beauté de sa tenue et sur l'abondance de ces récoltes. La taille bisannuelle qu'on fait subir au *plant de Salon* ne doit pas être aussi forte que sur le *saurin* , par la raison que ses récoltes étant annuelles , il ne s'épuise pas à porter du fruit pour se reposer ensuite pendant deux ou trois ans. Quoique l'*aglandau* (*plant de la Fare*) réussisse dans les terrains secs , sa taille ne doit pas être négligée ; et l'on est étonné et satisfait , tout à la fois, de voir la manière entendue et soigneuse dont les cultivateurs de ce canton usent dans une opération aussi essentielle. Ces détails suffiront sans doute pour justifier l'assertion qu'on ne doit pas tailler de la même manière toutes les espèces d'oliviers , vu que les effets de la taille ne sont pas identiques sur toutes les espèces de cet arbre.

II. A quelle époque faut-il émonder l'olivier ? Il serait louable de le faire en même temps que l'on procède à la cueillette des olives, de la même manière qu'on fait tailler les mûriers immé-

diatement après les avoir dépouillés de leurs
feuilles. L'arbre étant ainsi sevré d'une partie
des rameaux qui ont porté, non-seulement donnerait toute la sève à ceux qui restent, mais
encore la leur donnerait plus tôt, parce que les
plaies de la taille seraient cicatrisées bien avant
le temps où les oliviers commencent à travailler ;
à l'arrivée du printemps, la végétation serait
plus rapide et plus vigoureuse : ainsi la cueillette
des olives s'ouvrant les premiers jours de novembre, c'est aussi alors que l'émondage doit être
effectué, ce qui dure jusques en avril. Ceux
qui retardent jusques en mai pour que l'olivier retienne, sont loin d'entendre leurs intérêts ; car, s'il survient une grande sécheresse,
les coupures sont autant de voies par où la sève
s'écoule à pure perte ; ce suc nourricier, éva-
poré par le contact de l'air et le hâle, ne produit point de bourrelet, et le bois ne peut se recouvrir d'une nouvelle écorce. L'*onguent de St.-
Fiacre* ne peut prévenir qu'en partie ces inconvéniens (1) : de sorte que si le terrain n'est pas

(1) Cet onguent est un mélange moitié terre glaise, moitié bouse
de vache et de bœuf. Il a été appelé de *Saint-Fiacre*, parce que
ce Saint est le patron des jardiniers. La bouse de vache lie entre elles les molécules de l'argile et leur sert de gluton. Cet onguent
a pour utilité de soustraire la plaie de l'arbre au contact de l'air,
au hâle, et de permettre à l'écorce de s'étendre et de recouvrir
la solution de continuité pour former la cicatrice. On se sert de
ce mélange soit dans l'opération de la greffe, soit dans celle de
la taille.

suffisamment frais, la réparation du dommage fait à l'arbre est difficile et très-souvent impossible.

On pourrait objecter que, pour cette même raison, il serait prudent de ne tailler les oliviers que sur la fin de l'hiver ; car les surfaces des incisions sont autant de portes ouvertes aux vicissitudes atmosphériques. Mais ce raisonnement n'est pas du tout appuyé sur l'expérience : les hivers, plus ou moins désastreux pour nos vergers, n'ont pas moins sévi sur les arbres qui n'avaient pas été émondés, que sur ceux qui l'avaient été. L'hiver frappe nos olivettes sans mesurer ses coups : *œquo pede pulsat* ; il atteint l'olivier dans toutes les expositions d'un climat donné ; cependant, il faut l'avouer, les chevilles, les jeunes plantations, les jeunes entes ont plus à redouter sa fureur que les sujets d'une existence plus raffermie ; et c'est pour cela que je conseille la taille de suite à la fin de la seconde sève, afin que les coupures aient le temps de durcir avant la saison des frimats. On s'abstiendra, à plus forte raison, de toucher à l'olivier pendant les jours de gelée, de neige, de pluie ou de brouillards.

Suivant M. *Stanislas de Belleval*, la taille de l'olivier ne peut être trop tardive ; cet agronome dit avoir vu, dans la mortalité de 1820, beaucoup d'arbres périr pour avoir été trop tôt

et trop fortement taillés. Il est très-dangereux
d'élaguer l'olivier pendant l'hiver , dit-il ; le
dépouillement d'une partie de ses rameaux le
rend plus susceptible des impressions meurtriè-
res du froid : c'est ce qu'on a vu en 1820. « La
« taille ne doit donc commencer qu'en mars ,
« et même plus tard s'il est possible. Si l'on
« s'en rapportait à ses fermiers , on l'entrepren-
« drait immédiatement après la cueillette des
« olives , parce que la ramée leur est souvent
« nécessaire pour la nourriture des bestiaux.
« On doit être très-rigide à cet égard , puisque
« la moindre prévoyance peut atteindre ce be-
« soin , et que le défaut de surveillance peut
« un jour entraîner la perte totale des oliviers. »
Je n'ai rien à répliquer à ces assertions du correspondant du Conseil Royal d'Agriculture à Aix;
elles prouvent seulement que l'époque de la
taille peut différer suivant le climat et le terrain.
Je ne propose que ce que l'expérience m'a appris
touchant les oliviers des départemens de Vaucluse et du Gard. M. *Laure* , agronome de l'Hérault , nous apprend (Mémoire précité) qu'on
ne taille plus aujourd'hui les oliviers que lorsque
les grands froids sont passés ; qu'on ne commence guère que vers la mi-février , et qu'on
termine cette opération avec la fin d'avril au
plus tard. L'abbé *Rozier* penche aussi pour la
taille en mars ou en avril. On trouvera dans

son *Cours complet d'Agriculture* l'exposition de toutes les raisons alléguées par les sectateurs des diverses opinions. Il serait possible que la saison de la taille dût varier selon l'espèce d'olivier, comme selon d'autres circonstances auxquelles on n'a peut-être pas assez fait attention jusqu'à présent.

La même divergence d'opinions se fait remarquer sur cette question : à quels intervalles doit-on tailler les oliviers? *Columelle* ne conseillait cette opération que tous les huit ans. Dans la Provence et le Bas-Languedoc on émonde de deux en deux ans ; dans d'autres lieux on ne le fait que tous les trois, quatre ou cinq ans. Suivant *Labrousse* (1), il conviendrait d'émonder les oliviers chaque année à la fin de l'automne, ou, pour le plus tard, au commencement de l'hiver. La taille biennale est la seule qui convienne, s'il faut en croire le curé de Miramas (l'abbé *Couture*) (2). Dans le Roussillon, vraie patrie des oliviers, on les taille annuellement ; mais cette taille n'a lieu que sur une partie de l'arbre. Suivant l'abbé *Rozier*, l'avantage de la taille biennale est incontestable ; mais

(1) Voy. son Mémoire, couronné par l'Académie de Marseille en 1772, sur cette question : *Quelle est la meilleure manière de cultiver l'Olivier, et de le préserver des insectes qui s'attachent à l'arbre et au fruit ?*

(2) Voy. son Mémoire sur *la Culture de l'Olivier,* auquel l'Académie de Marseille accorda le second *accessit* en 1782.

il en résulte un manque de récolte qu'il serait important d'éviter; la taille triennale, ajoute-t-il, n'est pas à rejeter, lorsque, soit par le peu de vigueur de l'arbre, soit par l'âpreté de l'hiver, on a été forcé d'abattre beaucoup de grosses branches, beaucoup de bois mort, etc. La taille de quatre en quatre ans est bonne en elle-même, lorsque les oliviers, soutenus par la chaleur et les saisons, végètent dans un bon fonds, et lorsque leur belle apparence extérieure annonce la vigueur de leur végétation (1).

Concluons de tout ceci que ce sont l'espèce d'olivier et la nature du fonds qui doivent décider l'année de la taille; qu'il est impossible d'établir à cet égard aucune règle générale, et que la taille peut ne pas être nécessaire dans certaines circontances.

III. L'olivier se prête assez docilement à toutes les formes : on peut l'épanouir en éventail le long des allées. Quand cet arbre est abandonné à sa libre croissance, son chapeau s'arrondit en calotte sphérique. Un olivier sauvage est arrondi dans son pourtour et élevé en pyramide à son sommet. Il est pourtant des espèces dont le branchage est plus ou moins aplati vers le

(1) Voy. l'ouvrage cité de l'abbé *Rozier*, tom. VII, pag. 247 et 248.

haut, et d'autres dont la tête s'élève davantage
et ressemble à celle des saules. La forme en
boule ou en ovale se remarque dans d'autres
espèces : il en est dont les branches sont étalées
inégalement et sans ordre ; mais, au fond,
toutes les formes sont belles et toutes sont dignes
de plaire, pourvu que l'arbre soit en santé.
Aussi laissons-nous à nos oliviers toutes celles
que la nature leur a départies : si ce n'est que
nous retranchons du haut de la tête les rameaux
trop vigoureux qui, s'élevant au-dessus des autres, déplaisent aux yeux et attirent à eux une
nourriture qu'il convient mieux de faire tourner
au profit de l'arbre entier ; ces rameaux sont
ordinairement du côté du midi ; c'est là en effet
que se trouve dans nos climats la plus grande
force de l'arbre : les bienfaits du soleil et les
vents du nord sont sans doute la cause de cette
particularité à laquelle l'émondeur le plus habile
ne peut que remédier imparfaitement.

Il est pourtant certains pays où l'on attache
plus de prix à une tournure élégante : à Saint-
Gervasi, à Marguerite, à Bezoulle, et autres
lieux du département du Gard, on taille les oliviers
en forme d'entonnoir, les faisant tout-à-fait
aplatis au sommet et ouverts selon l'axe du
chapeau. On y pratique, comme à Sarnhac,
l'émondage bisannuel, avec cette différence que
dans certains cantons on laisse les oliviers aban-

donner librement leurs rameaux au souffle des vents. Dans les pays susdits, on coupe les pousses de l'olivier à peu près comme on abat celles des haies d'aubépines. Les mêmes outils pourraient servir pour l'une et l'autre taille. Il en résulte pour les oliviers une forme extérieure assez agréable, mais qui a l'inconvénient de gêner et de resserrer l'arbre dans son essor et son accroissement. Les oliviers, à Sarnhac, jouissent de plus de liberté, mais l'impéritie ou l'incurie des émondeurs fait naître un inconvénient encore plus grave ; jaloux de rendre agréable l'extérieur de l'olivier, ils négligent le dedans : les uns ne les ouvrent pas assez, les autres les ouvrent trop, et d'autres, plus inconsidérés, dépouillent les grosses branches, les rameaux et même les ramilles de leurs annexes, et ne font d'un olivier autre chose qu'un assemblage de grands, de médiocres et de petits balais; aussi appelle-t-on de pareils émondeurs *faiseurs de balais.*

Une taille qui tiendrait le milieu entre celle de Saint-Gervasi et celle de Sarnhac, serait peut-être la meilleure : il s'agit de ne pas laisser croître les rameaux trop librement, et de ne pas les abattre non plus trop impitoyablement. Nous ne parlons ici que des arbres faits ; l'émondage propre aux nouvelles plantations a été traité en son lieu (Chap. 4, § III, IV, V et suiv.)

Quant à certains oliviers, qui ne sont que de vieux lambeaux, restes des hivers, on en tire parti comme on peut : nous ne pouvons à cet égard établir aucun précepte général. (Voy. Chap. 10, § III).

Dans certains cantons, la taille est un véritable abattis fait au hasard et sans méthode : on ne laisse à l'olivier que les branches-mères raccourcies et quelques tronçons de rameaux presque entièrement dénudés. C'est ce que j'ai observé du côté du Pont de Lunel, au mois de décembre. On m'allégua que cette pratique avait le triple avantage de donner la première année une récolte de bois, la seconde une récolte plus que médiocre d'olives, et la troisième une pleine et entière récolte, après laquelle on revient à pareil ébranchement.

M. *Lacroix*, correspondant du Conseil d'Agriculture à Prades (Pyrénées-Orientales), attribue la conservation des oliviers de son arrondissement à la forte taille qui leur est appliquée, laquelle consiste à couper les branches qui ont porté sept à huit fois du fruit, et à réduire, l'année suivante, à deux ou trois les bourgeons qui ont poussé sur chaque chicot ; mais cette taille partielle, dit feu M. *Bosc* (1), est repoussée par la théorie.

(1) Voy. le Rapport fait au Conseil Royal d'Agriculture, séance du 15 décembre 1821, sur les effets de la gelée qui a frappé les oliviers en 1820, par M. *Bosc.*

La taille devant différer d'un climat à l'autre et d'espèce à espèce , nous ne blâmerons pas le mode suivi à Saint - Gervasi , ni celui adopté aux environs du Pont de Lunel. Dans ce dernier quartier où l'on se trouve si bien du triple avantage d'avoir , sur trois années , une récolte en bois et deux en fruits , les oliviers ne sont pas , à la vérité , de bien grands arbres ; tandis qu'à Sarnhac où l'on suit une taille beaucoup moins sévère , on voit des oliviers qui ont trop d'étendue relativement à la place qu'ils occupent. L'hiver de 1789 ne les maltraita pas d'une manière notable : par les soins minutieux dont ils furent l'objet , ils sont devenus très-hauts , et , bien qu'ils ne soient ni malades , ni languissans , ils ne donnent néanmoins pas beaucoup d'olives. Faudra-t-il les tailler comme ceux des environs de Lunel? Ou faudra-t-il recourir au ravalement régulier , en coupant horizontalement les branches à mi-bois ? Il y a environ trente-cinq ans , qu'un riche tenancier de Montfrin (1) fit ravaler une grande olivette qu'il possède sur le chemin de Beaucaire à Lafoux , il voulut suivre en cela la mode du moment; cette olivette, située sur un terrain sablonneux et qui faisait l'admiration des passans , dépérit tellement depuis cette époque,

(1) Petit village situé dans le département du Gard, non loin du lieu où le Gardon se jette dans le Rhône.

qu'elle a presqu'entièrement disparu. J'ai vu aussi,
à peu près dans le même temps , ravaler un superbe verger de cent pieds, situé dans la même
terre ; à peine sur ce nombre pourrait - on en
compter dix qui , après quelques années , se sont
un peu refaits , et il s'en faut bien qu'ils soient
aussi beaux qu'ils l'étaient avant le ravalement.
Les deux fâcheuses expériences que je viens de
citer firent bientôt abandonner le procédé qui
y avait donné lieu. Il est bon de faire observer
qu'il n'est point ici question d'oliviers frappés de
l'hiver ou atteints de quelque maladie ; nous parlerons de ceux-ci en temps et lieu.

Ne pouvant donc faire usage du ravalement
régulier ni , à plus forte raison , de l'ébranchement du Pont de Lunel , nous concentrerons peu
à peu ceux de nos oliviers qui sont trop grands ,
nous les fumerons généralement de l'engrais répandu sur toute la surface du sol circonscrite par
le pourtour du chapeau , et recouvert ensuite à
l'aide d'une bonne culture à bras ; bonifiant ainsi
le terrain et fortifiant les pousses nouvelles, nous
mettons nos oliviers à même d'être assez vigoureux pour n'avoir plus besoin que de la culture
et des engrais communs aux autres arbres de leur
espèce : tel sera le fruit de notre attention à les
tenir concentrés par la taille.

On pourrait objecter : quand on ente un gros
olivier , on l'ébranche un ou deux ans après , et

néanmoins la végétation de la greffe ne laisse pas
que d'avoir lieu d'une manière satisfaisante. Cela
est trop vrai et toujours vrai et même assez
surprenant. Peut - être dans le cas de la greffe
la sève monte - t - elle plus facilement à ses nou-
veaux nourrissons , qu'elle ne le fait à ses propres rameaux ; du moins faut-il le croire ainsi ,
d'après ce que dit l'auteur des Géorgiques , que
l'arbre greffé se voit avec plaisir revêtu d'un
feuillage étranger , et courbé sous le poids de
fruits qui ne sont pas les siens.

. . . . et ingens
Exiit ad Cœlum ramis felicibus arbos ,
Miraturque novas frondes et non sua poma.

(*Georg. lib.* 2.)

Nous avons parlé de trois tailles différentes :
laquelle faudra-t-il préférer ? Aux environs du
Pont de Lunel , où l'on ne compte pour rien le
coup d'œil , l'émondage s'effectue presque sans
frais et donne dans trois ans , outre beaucoup
de bois de chauffage , deux récoltes d'olives : si
là le tenancier trouve son compte à cette façon
de faire , cette taille est sans contredit pour lui
la meilleure. A Sarnhac , elle ne manquerait pas
de dénuder complètement les rochers où sont
situés les vergers , et dans peu d'années on n'y
aurait ni branches ni troncs. A Saint - Gervasi
où l'on est jaloux de formes gracieuses , on con-

centre sans scrupule et impunément les rameaux
et les branches ; chaque olivier offre à l'œil en-
chanté un pied entièrement découvert et sur-
monté d'une couronne élégante ; là on récolte
beaucoup d'olives , et le propriétaire se félicite
doublement d'avoir obtenu l'utile et l'agréable.
Ne lui envions ni sa méthode, ni son contentement.
A Sarnhac , lorsqu'on a évité que l'émondeur
n'ait fait d'un olivier un assemblage de balais
(ce à quoi on peut aisément remédier) , on n'a
pas à se plaindre d'avoir laissé les rameaux s'al-
longer et l'arbre s'agrandir ; on aime à voir ,
d'un lieu élevé , les olivettes balancer , par un
vent du nord , leurs cimes chargées de fruits ,
et apparaître comme des vagues agitées sur lesquelles la lumière se réfléchit sous les brillantes
nuances de l'arc-en-ciel. Chaque canton a donc
lieu de trouver sa manière bonne. Ainsi il ne serait pas possible de tracer une méthode uniforme
à l'émondage propre à toutes les localités. Bien
plus , la taille doit différer pour chaque espèce
d'oliviers , du moins quant au mode , si ce n'est
quant à l'époque. Les habiles émondeurs ne l'igno-
rent pas ; mais assez communément ils sacrifient
cette vérité au plaisir du coup d'œil. Nous
avons , par exemple , le *saulin* (ainsi nommé ,
parce qu'il ressemble beaucoup au saule par le
port) qui , étant taillé comme il le demande ,
monte fort haut , s'élargit proportionnellement

et devient le plus grand et le plus noble des arbres de Sarnhac : le tailler comme les autres, c'est, sans doute, ne point entendre ses propres intérêts.

IV. Toute taille doit être précédée d'un coup d'œil observateur ; c'est le devoir du chef des émondeurs : il examine attentivement les grosses branches qui languissent, les pousses trop petites qu'on doit supprimer pour dégager l'arbre et améliorer son accroissement. Plaçant ensuite son échelle à trois pieds vers l'endroit observé, il indique aux ouvriers leurs places respectives ; il fait d'abord abattre ce qui doit l'être pour donner du jour au travail; après quoi, il fait tomber le fer sur les rameaux surabondans, et surtout, sur ceux qui ont fait du fruit, des épines, des onglets et des chicots. L'outil, qui s'appelle *faucil*, est composé d'une lame recourbée du milieu vers la pointe ; c'est un tranchant semi-lunaire, large et plat, dont le dos est aussi une lame moins large et moins longue, mais plus épaisse : l'émondeur se sert de la pointe pour enlever le petit bois, du tranchant concave pour couper les petites branches, de la lame dorsale pour frapper comme avec la hache, et du plat de l'instrument pour polir les surfaces de toutes les coupures.

L'émondeur doit éviter avec soin de faire des

chicots ou des déchirures , ne pouvant remédier
aux plaies à l'aide de vulnéraires ou d'onguens ,
il doit laisser à leur voisinage les bourgeons qui
ne manquent pas de paraître au printemps ; il
n'abattra point ces derniers dans le courant de
l'année , lorsqu'il fera sa revue pour délivrer les
oliviers de leur bois gourmand ; la sève qui abou-
tit à l'écorce des coupures , y stationnant pour
nourrir de petits jets , ne se vicie point , et les
plaies en sont plus tôt cicatrisées; ces pousses seront coupées comme bois inutile, l'année d'après,
ou plus tard, comme le jugera un prudent émondeur.

Je ne parle point du bois transversal , les moins
habiles savent qu'il doit être amputé : mais sous
ce prétexte , leur sera-t-il permis d'enlever presque tout ce qui est le long des branches ? Non ,
sans doute ; c'est une faute grave qu'il faut toujours prévenir ; et si le mal était fait , il faudrait
laisser à ces branches les jets qui poussent çà et
là , pour servir de repos à la sève , jusqu'à ce
qu'il y en ait d'assez gros pour garnir suffisamment l'arbre. On hâtera ce moment, en rappetis-
sant l'olivier par le sommet et tout autour, et en
le concentrant un peu plus qu'on ne le fait d'ordinaire. Sans cette précaution , le dépérissement
de l'arbre sera la conséquence nécessaire de la
difficulté extrême avec laquelle la sève doit parvenir du tronc à l'extrémité des branches.

« Les oliviers , dit M. *Laure* (Mémoire pré-
« cité) , ne se taillent que de deux ans l'un. On
« prépare, l'année où on les taille, le bois qui doit,
« pour ainsi dire, porter le fruit l'année suivante.
« On s'attache surtout à conserver le bois jeune
« et à enlever le vieux . On éclaircit , autant
« qu'on le peut , l'arbre , lorsqu'on peut le faire
« sans nuire à la forme et à la symétrie que doi-
« vent avoir ses branches ; on observe de les
« laisser plus garnis de bois vers le nord et vers
« le nord-ouest , pour les garantir du froid et
« du grand vent qui les tourmentent de ces côtés.
« L'ouvrier qui les taille , doit observer d'en-
« lever , avec le plus grand soin , les branches
« mortes et le bois mort ou la carie qui quel-
« quefois attaquent le corps. Il n'est pas rare
« que le corps de l'arbre soit percé à jour , par
« suite de cette opération indispensable , toutes
« les fois qu'elle ne peut pas exposer l'arbre à
« être renversé par le vent , par suite de l'affai-
« blissement de sa force (1). J'ai poussé quel-
« quefois la rigueur de cette opération jusqu'à
« faire arracher sous terre la portion des racines
« de l'arbre qui se trouvaient cariées ou pour-
« ries , et l'arbre languissant a repris de la vi-
« gueur et redonné des fruits en abondance. Il

(1) Voyez ce qu'il faut penser de cette opération , chap. X , § IV
de cet ouvrage.

« faut aussi, lors de la taille, faire couper les
« branches languissantes et toutes les pousses pa-
« rasites qui se manifestent au-dessous du bou-
« quet de l'arbre jusqu'au tronc. » M. *Laure*
fait remarquer que ses préceptes sont pour le
département de l'Hérault, où l'olivier est moins
vigoureux que dans les pays méridionaux, et par
conséquent plus chauds. En Roussillon, par
exemple, on coupe un gros cep l'année où on
taille l'olivier, pour rendre les autres ceps plus
productifs. Ce moyen ne serait pas praticable
dans l'Hérault et n'y aurait que des résultats funestes.

En résumé, la taille doit être faite d'après les
principes suivans :

1° D'abord on examinera l'arbre dans sa totalité, et puis dans chacune de ses parties;

2° On tâchera de conserver l'équilibre entre
toutes les branches ; c'est à ce principe surtout
que déroge la méthode vicieuse suivie dans le
Roussillon ;

3° On ne laissera ni tronçons ni chicots sur
la partie amputée ;

4° On fera des coupures unies et dans le sens
perpendiculaire au sol ;

5° On abattra principalement le bois gourmand, le bois mort, les parties cariées ;

6° On laissera , en général , à l'arbre la forme que la nature lui imprime le plus ordinairement;

7° On se rappellera que les rameaux que l'arbre se plaît à laisser pendre , sont ceux qui se chargent le plus souvent de fruit.

CHAPITRE IX.

Buttage.

SOMMAIRE. — I. Utilité du buttage. — II. Époque du buttage. — III. Manière de butter les oliviers.

I. Le buttage est très-utile pour remettre en bon état les oliviers qui ont été négligés, ou qui ont souffert de toute autre manière. Ce travail est loin d'être dispendieux : de plus, il est plusieurs motifs qui justifient cette pratique : 1° quand l'olivier a sa souche recouverte d'un pied de terre au plus, s'il survient une forte gelée, il faut qu'elle pénètre toute cette épaisseur de terre avant de parvenir à la base, et si l'arbre doit périr, il ne périra que par les branches ou le tronc, ou du moins, le crapaud sera faiblement atteint ; 2° cette masse de terre lavée par les pluies, communique au magasin de la sève un surcroît de sucs nourriciers ; 3° enfin, quelle que soit la raison pour laquelle on doive employer le buttage, il en est une qui est péremptoire, c'est que l'expérience n'en a jamais démenti l'utilité.

Cependant, s'il faut en croire M. *Servezane*, les amoncellemens de terre au pied des arbres ne seraient pas un préservatif assuré contre les gelées : « il ne faut pas se dissimuler, dit ce cor- « respondant du Conseil d'Agriculture à Uzez « (Gard), que tous les divers modes de cul- « ture, de taille, d'amendement, voire même « la précaution de recouvrir le pied du tronc à « l'entrée de l'hiver avec des fumiers ou des « terres, ne sont que des pratiques impuissantes, « et qui n'ont produit aucun bon effet sensible « aux yeux des hommes sans prévention. » (1) Nous opposerons à ces dénégations désespéran- tes, l'opinion de M. *Stanislas de Belleval* qui dit : « Le buttage des racines sera l'emploi le « plus avantageux des soins qu'il (le cultivateur) « prendra pour préserver ses arbres des atteintes « de la gelée », et il cite à ce sujet deux faits sans réplique : le premier est relatif à la ville de Mou- riez (arrondissement d'Arles) où le buttage a été le seul moyen et le moyen infaillible de ré- sister à l'hiver de 1820 ; la seconde regarde ce qui eut lieu à Pélissanne, où le buttage sauva un verger tout entier malgré le séjour des eaux plu- viales, tandis que le froid sévit avec toute sa fureur sur des olivettes non buttées et bien plus favorablement exposées (2).

(1) Voy. la Lettre de M. *Servezane* à S. E. le Ministre de l'intérieur, en date du premier avril 1821.

(2) Ouvrage cité de M. *Stanislas de Belleval*.

On peut réunir aux leçons de l'expérience le secours du raisonnement ; sans doute, s'il est un moyen de neutraliser, du moins en partie, les rigueurs du froid sur nos oliviers, ce doit être celui qui consiste à conserver à la terre toute la chaleur qu'elle a emmagasinée durant l'été ; car, c'est la terre qui, par l'intermédiaire des racines, fait circuler dans la plante et les sucs qui la nourrissent et le calorique si essentiellement vital. Les racines pivotantes sont surtout précieuses pour cet objet ; elles résistent toujours au froid, vu que la terre est plus chaude en hiver que l'air extérieur ; elles sont meilleurs conducteurs de la chaleur que tout ce qui les environne. Quant à celles qui sont rampantes et superficielles, il faudra les détruire sans pitié (1), si toutefois elles ne périssent pas par leur position même, en vertu de laquelle elles abandonnent trop facilement la chaleur. Or, le buttage redouble l'énergie des fonctions des racines, et partant augmente, par leur intermédiaire, la résistance vitale de l'arbre. L'on ne saurait donc insister trop constamment sur la pratique annuelle du buttage ; la moindre négligence à cet égard serait presque toujours funeste à celui qui l'aurait commise.

(1) Cette opération essentielle est usitée à l'égard des oliviers, depuis un temps immémorial, dans quelques communes du département des Bouches-du-Rhône.

Le buttage convient à l'olivier dans toutes les périodes de sa vie. Il est surtout utile au jeune plant, et il est bon de le faire tous les ans. Voyez ce qui a été dit (Chap. 4, § XI) touchant le buttage des oliviers de nouvelle plantation.

II. A mon avis, pour que le buttage soit profitable, il faut le faire en décembre, et abattre ensuite les buttes sur la fin de février; ce dernier point est essentiel, ainsi que nous le dirons bientôt. M. *Stanislas de Belleval* veut que l'on butte à la fin des semailles et avant la cueillette des olives; le buttage doit être pratiqué de bonne heure, dit-il, et avant que les pluies automnales viennent nous en détourner. Sans doute, la nature du sol et le climat doivent apporter des différences dans l'époque que les divers agronomes assignent à l'important travail dont nous parlons.

III. Nous avons déjà exposé (Chap. 7, § IV) les inconvéniens du fumier amoncelé au pied des oliviers. Aussi ne faut-il considérer le buttage, dont il est question en ce moment, qu'autant qu'il est fait avec de la terre seule. Occupons-nous maintenant de la manière dont il faut exécuter cette opération.

Quelques tenanciers médiocres sont dans l'usage de butter tous les pieds de leur verger. Ceux qui possèdent de grandes pièces ne buttent guère que les pieds dont la souche est hors de terre ; il importe de butter fortement en hiver ces souches émergentes pour les abriter contre le froid, et un peu en été pour les défendre contre les chaleurs excessives.

D'ordinaire, il suffit de butter avec de la terre prise autour de l'espace qui est circonscrit par le branchage de l'olivier. S'il s'agissait de remédier à un état de souffrance de l'arbre, on pourrait, outre l'engrais convenable, se procurer du terreau provenant des rives, des fossés ou des mares ; et si tout cela manque, on fait la butte avec un peu de fumier bien brisé et bien mêlé à une grande quantité de terre pour qu'il ne brûle pas.

Suivant l'abbé *Rozier*, la terre doit être prise à la plus grande distance qu'on le peut du pied de l'arbre, afin de ne pas découvrir les racines traçantes, et, ce qui vaudrait mieux, ajoute-t-il, il faudrait y rapporter des terres nouvelles, ou des plâtras, ou des débris de mortier.

M. *Stanislas de Belleval* conseille beaucoup, pour le buttage, l'emploi de la terre d'alluvion (*nile*), surtout si le sol est léger et graveleux, parce que la nature de ces terres les rend plus susceptibles de favoriser la conservation de la chaleur. Cette *nile* est le terreau provenant du curage des fossés ou des canaux d'arrosage. Il est des ver-

gers qui se sont successivement nités par les arrosemens quotidiens ; tels sont ceux situés dans
la Crau ; on a remarqué que là les oliviers ont
résisté à la mortalité et ont une végétation or-
gueilleuse , et que le froid a aussi épargné certaines olivettes placées sur le penchant des coteaux
où les terres retenues par une roche ou un mur ont
protégé les racines , en favorisant leur accroissement et leur énergie. Cependant, de plus fortes
considérations doivent engager à pratiquer le
buttage dans ces sols en pente ; car , indépendamment des ravages continuels que les eaux
pluviales y exercent, plusieurs propriétaires ont,
lors des mortalités antérieures à 1820 , et avec
plus de danger qu'ailleurs , recépé leurs oliviers
trop rez-terre. Les nouvelles pousses qui en sont
provenues, après s'être sustentées aux dépens de
la souche-mère , en ont formé une qui leur a été
propre et qui a été amenée à la surface de la terre
par la résistance que la souche primitive a opposée à son enfouissement. Dans une aussi fâcheuse
circonstance , le buttage ne saurait être négligé ;
il améliorera la nature du sol , ravivera une végétation trop long-temps languissante , et garan-
tira l'arbre de l'influence nuisible du froid (1).

La forme conique que l'on donne au buttage a
pour but d'empêcher les eaux pluviales de se filtrer
dans la terre et de rendre la sève trop aqueuse par

<hr>

(1) Ouvrage cité de M. *Stanislas de Belleval.*

(205)

son abondance. On sait , d'après la remarque de
Sennebier , que la sève aqueuse se gèle presqu'au
même degré que l'eau (1). La butte force les eaux
pluviales à s'écarter du pied et, par conséquent, de
la souche. Lorsque l'hiver fait place à la saison
chaude , le pied de l'olivier doit offrir une disposition inverse , c'est-à-dire , telle que les eaux
trouvent une pente qui les porte de la circonférence vers le centre. En effet , l'action de déchausser l'olivier à la fin de l'hiver , a pour but
de permettre aux pluies du printemps d'abreuver
ses racines et de favoriser la plus brillante végétation. Il importe aussi d'abattre les buttes , par
la raison que les souches restant couvertes de
terre, seraient obligées de croître en s'élevant; et
même la partie inférieure du tronc serait forcée
de s'en faire une nouvelle ; ce qui n'est pas un
léger inconvénient. Aussi , lorsque les oliviers
offrent une souche trop émergente , conseillons-
nous de les déchausser en grande partie , mais
non pas tout-à-fait, lorsque la saison permet d'a-
battre la butte élevée à leur pied.

(1) Phys. vég. , tom. III , pag. 305.

CHAPITRE X.

Maladies des Oliviers.

SOMMAIRE. — I. Considérations générales sur les animaux qui nuisent aux oliviers. — II. Dépérissement de l'olivier, par cause de vétusté. — III. Influence pernicieuse du froid rigoureux sur cet arbre. — IV. Symptômes de la carie; moyen d'y remédier. — V. Inconvéniens d'un emplacement trop humide. — VI. Jaunisse du *vermillau.* — VII. Maladies causées par diverses causes.

I. L'olivier, le plus vivace de tous les arbres de nos contrées, est sujet à une foule d'infirmités qui le frappent de langueur et amènent graduellement sa destruction. Je ne parle point de divers animaux qui se nourrissent à ses dépens, et lui causent un dommage considérable, comme sont les vers qui se nichent dans les fourchures des rameaux et même dans celles des branches, y croissent et s'y multiplient. Il en est qui attaquent les brins immédiatement au-dessous du fruit, les rongent et occasionent leur chute ; lorsque l'olive a acquis la moitié de sa grosseur et commence à entrer en maturité, ces vers cessent alors leurs hostilités. D'autres habitent le noyau, en dévorent l'amande, y laissent leurs excrémens et s'enfuient par une ouverture qu'ils font en cou-

pant le pédoncule , laissant ainsi le fruit sans
utilité. Enfin , il est une espèce de ver qui attaque
la pulpe , enlève une grande partie de l'huile et
infecte le peu qui reste. Je ne parle pas non plus
de divers insectes ailés , tels que les demoiselles
et les cantharides qui s'abattent en troupes sur
la tête de nos arbres , en ravagent les feuilles et
surtout les sommités des brins ; ces animaux
voltigent toute la nuit : vers le matin , ils se posent sur les rameaux les plus élevés et y restent
immobiles. C'est alors qu'on les fait tomber à
terre en secouant les branches. Je ne répéterai
point ici ce que tous les bons auteurs ont écrit
touchant les insectes ennemis de l'olivier (1) : je
me bornerai à dire qu'on ne connaît encore aucun moyen bien efficace pour les bannir des olivettes. Le tenancier doit visiter souvent ses arbres dans le courant de l'année , en abattre exactement tous les rameaux qui jaunissent , en les
coupant au-dessous de la vermoulure ; il leur

(1) Nous avons sur cette matière deux bons ouvrages à consulter :
le premier est celui de *Bernard* , Directeur de l'Observatoire royal
de la marine à Marseille , auteur d'un Mémoire couronné en
1782 par l'Académie de cette ville, sur *la Culture de l'Olivier*; le
second est celui de *Labrousse*, auteur d'un Mémoire couronné
par la même Académie en 1772, sur cette question : *quelle est
la meilleure manière de cultiver l'Olivier , et de le préserver des
insectes qui s'attachent à l'arbre et au fruit ?* L'abbé *Rozier* n'a
fait que répéter sur ces insectes ce qu'avaient dit , avant lui , les
deux auteurs que nous venons de nommer.

donnera souvent des labours et des engrais , selon leur besoin et dans la vue de les mettre à même de réparer leurs pertes; une température favorable qui survient , ne manque jamais d'effacer , dans peu d'années , les traces des dommages soufferts.

Je ne m'arrêterai pas plus long-temps sur quatre causes qui nuisent à l'olivier (1) ; je dois surtout insister ici sur ses maladies internes.

Le dépérissement de notre arbre peut provenir de sa vétusté, de la négligence ou de l'ignorance du cultivateur, de l'emplacement non convenable et de la rigueur du froid.

II. L'olivier serait peut-être immortel sans les nombreuses causes de destruction qui, dans nos cantons, l'assiégent de toutes parts. C'est surtout en Espagne , en Italie , et sur les côtes du Levant , qu'on aperçoit les plus vieux et les plus grands arbres de cette espèce. *Pline* dit que de son temps on voyait, à Lintune , des oliviers qui y furent plantés par *Scipion l'Africain*. Un grand Naturaliste a calculé que chaque être vit ordinairement sept fois le temps qu'il met à croître : la lenteur de la végétation de notre

____

(1) Voyez ce qui a été déjà dit (chap. IV, § II) sur les animaux nuisibles aux oliviers de nouvelle plantation , et ce qui a été exposé (chap. V, § IV) sur ceux qui attaquent les greffes.

arbre avait fait dire à *Hésiode*, que jamais homme n'avait vu le fruit d'un olivier qu'il avait planté ; cette assertion, quoique bien au-dessous de la vérité, repose pourtant sur un fait, c'est que l'olivier est d'une végétation extrêmement lente, surtout lorsqu'il naît d'un noyau. *Bouche l'Ancien*, dans son Histoire de Provence, parle d'un olivier, du territoire de Ceyreste, auquel on donnait neuf ou dix siècles de vie. Cet arbre, dit cet auteur, a le tronc creux, et il est si gros, qu'une vingtaine de personnes pourraient s'y mettre à l'abri des injures du temps. Le propriétaire de cet arbre y établit, tous les ans, son petit ménage : il y couche avec toute sa famille, et il y a encore une petite place pour y mettre un cheval. Dans les environs de Tarascon, dit M. *Loutard* (lettre précitée), il existait un olivier dont les rameaux s'étendaient à quarante pieds du tronc ; il avait vu périr trois fois tous ses contemporains, et l'on savait, par tradition, que le froid de 1709, qui avait causé la perte de ceux du pays de Gênes, ne lui avait fait aucun mal. Faudrait-il croire que, si l'on tâchait de multiplier de tels arbres, on pourrait espérer d'avoir des individus plus robustes et dans le cas de résister aux froids les plus rigoureux ? La vétusté, qui est pour tous les êtres une raison de mourir bientôt, serait-elle pour l'olivier un moyen de rajeunir ?

14

Des voyageurs de ce siècle assurent que dans la Palestine (1) on voit de très-beaux oliviers qui datent du temps des Croisades. En Asie, d'où ces arbres ont été transportés en Europe, on en cite d'une taille extraordinaire et d'un âge qui l'est beaucoup plus ; mais en Provence, où les Phocéens les apportèrent d'Ionie 600 ans avant J.-C., le froid les a toujours privés de ces rares avantages et les a maintenus dans leur état actuel de dégénération : ce qui fait que la vétusté est devenue pour ces arbres une véri-

(1) La Judée, renommée par ses palmiers et ses baumiers, ne le fut pas moins par ses oliviers. Les anciens Casuistes Juifs nomment des espèces excellentes d'olives propres à ce pays. L'historien *Josephe* (*de Bello Judaico*, cap. 2, lib. 3) parle des grandes olivettes de la Galilée. L'olivier réussissait parfaitement près du lac de Tibériade (id. lib. II, cap. 18). Le pays de Samarie offrait de nombreux oliviers, ainsi que la Judée proprement dite : *Saint-Jérôme*, né en Dalmatie dans le cinquième siècle, fait l'éloge de ces vergers. Vers la fin du septième siècle, on voyait, sur la route de Césarée à Jérusalem, de grandes plaines parsemées de plantations d'oliviers. En 1099 les Croisés Français trouvèrent Rama dans une fertile plaine propre aux oliviers, aux vignes, etc. Dans le douzième siècle, *Baudoin* III, fils et successeur de *Foulques*, roi de Jérusalem, ayant entrepris d'enlever aux infidèles le château de la Syrie-Sobal (le Val de Moïse), traversa avec son armée la vallée de la Mer Morte, franchit les montagnes de la seconde Arabie, et vint camper devant ce château ; puis ayant menacé les habitans de couper les belles olivettes qui, comme un bois épais, ombrageaient tout ce canton et faisaient leurs richesses, ils prirent le parti de se rendre. On trouvait de grandes plantations d'oliviers dans presque tous les lieux de la Palestine. (Voyez *passim* les *Recherches sur la Judée*, par l'abbé *Guénée*).

table maladie (1). Les oliviers les plus vieux dans notre contrée ne remontent pas au-delà de cent ans; l'hiver de 1709 n'en épargna qu'un très-petit nombre, qui n'a jamais pu se rétablir entièrement; ainsi ceux qui, dans nos cantons, comptent le plus d'années, sont ceux qui ayant résisté aux hivers désastreux depuis cette époque, et qui, ayant plus ou moins souffert, se trouvent plus ou moins accablés sous le poids de leur âge.

Le dépérissement de l'olivier n'est le plus souvent que partiel : frappé de mort dans ses branches, son tronc, ses racines, et dans presque la totalité de sa souche, il peut renaître encore par un très-petit fragment de celle-ci qui aura conservé la vie : avec des soins, son tronc unique est remplacé par une touffe de jets ; de sorte qu'une cause de destruction devient ainsi une cause de multiplication. (Voy. le Chap. 1.er de cet ouvrage). Cela est si vrai, qu'en 1300 on ne comptait que trois petites olivettes dans les ténemens de Clausone et de Lognac (département du Gard), et encore étaient-elles closes de murailles, dans des endroits assez éloignés des carrières de pierre;

____

(1) M. *Imbert de Vitry* (lettre précitée) dit que la mortalité de 1820 s'est plus fait sentir sur les oliviers au-dessus de cinquante ans que sur ceux d'un âge inférieur. La même année, on a vu à Saint-Pons (Hérault) presque tous les vieux oliviers périr, tandis que la plus grande partie des jeunes ont résisté.

cette circonstance prouve tout le prix qu'on atta-
chait à ces vergers à cette époque ; et aujourd'hui
même , ces mêmes terrains fournissent plusieurs
centaines de cannes d'huile , malgré les hivers de
1709, 1766, 1789, et tant d'autres qui les avaient
précédés.

III. Nous avons déjà effleuré les effets du froid
sur l'olivier au Chapitre 3 de cet ouvrage (§ III,
3ª, *B*). Il importe de revenir sur cette question
qui , dans l'histoire de notre arbre , mérite de
tenir le premier rang.

Il paraît que 10° au-dessous de 0° peuvent faire
périr l'olivier , et que le jeune bois ne résiste
presque jamais à — 2° ou — 3°. Les gelées modérées sont favorables à la constitution de cet
arbre , parce qu'elles s'opposent à un excès de
végétation toujours dangereux pour lui pendant
l'hiver. On peut même dire que l'olivier suppor-
terait toujours impunément le degré de froid
qui est ordinairement mortel dans nos cantons,
si la sève pouvait , dans tous les cas, être préalablement supprimée. Mais cet arbre ne mûrit
guère son fruit qu'au milieu de l'hiver , circonstance qui doit y pousser les sucs nourriciers ; ainsi
par sa nature , il est presque toujours en état de
végétation assez actif. L'abbé *Couture* dit (ouvrage précité) qu'un olivier composé de plusieurs rejetons , vit périr les deux qui étaient

exposés au midi , tandis que le troisième , qui regardait le nord , survécut et forma l'arbre par la suite. M. *Stanislas de Belleval* rapporte que les oliviers qui, en 1820, soit à Aix, soit à Istres, se trouvaient dans une exposition trop méridionale , ont été ceux qui ont le plus souffert de la mortalité ; tandis que ceux qui étaient situés en plein nord, ont pu résister , et n'ont donné aucune preuve d'altération visible, malgré que le froid y fût plus intense que sur la côte abritée et plus vif de 2 à 3 degrés. Ainsi le proverbe provençal qui dit , qu'*il faut du froid pour que l'olivier charge* , est d'une application aussi sage que juste. Sur les côtes maritimes le froid est utile à l'olivier , et un froid sec et modéré est un gage assuré d'une récolte abondante. Celle qui a suivi la mortalité de 1820 , dit M. *de Belleval* , le prouve clairement ; car si le froid n'eût été aussi violent , le résultat n'en aurait pas été si pénible.

Le froid nuit moins par son intensité que parce qu'il succède à des temps plus doux. On a vu périr les oliviers par les effets d'une gelée ordinaire , lorsqu'ils étaient en sève , et résister , hors de cette époque, à une température de —10 à —12 degrés.

Il est des espèces qui sont moins impressionnables que d'autres. C'est ainsi qu'au rapport de M. *Laure* , *l'olivière* , la plus productive et la

plus belle des espèces cultivées dans l'Aude et
l'Hérault, est aussi la plus sujette à périr par
le froid ; tandis que la *verdane* et la *mourette*
résistent davantage aux frimats ; mais cet avantage est bien compensé par le moins de produit
comparativement à celui de l'*olivière*. Le *gros
ribié* est celle qui a le plus souffert dans le Var
en 1820, tandis que dans ce même département,
le *partan* est l'espèce qui a le mieux résisté.
La *verdale* du département de Vaucluse craint
beaucoup la gelée, mais elle la supporte mieux,
lorsqu'elle a été greffée sur le *poumaou*. La
longuettou negre, qui croît dans l'arrondissement d'Orange, craint peut-être moins le froid
que cette dernière espèce. Dans les Bouches-du-
Rhône, la mortalité de 1820 a beaucoup maltraité les *oliedtres* ; les seuls qui aient échappé
ont été ceux qui étaient abandonnés à eux-mêmes
et dans un état buissonneux. Le *saurin*, par la
rusticité de sa végétation, affronte sans crainte
les intempéries de l'air ; son accroissement est
le plus tardif et sa durée la plus longue ; on
en voit encore des pieds dans le terroir d'Istres,
qui ont résisté à 1709. Au contraire, l'*aglandau*,
qui se trouve très-répandu dans tout le vallon
de la Fare, et dont la croissance est rapide,
a été très-notablement maltraité en 1820. L'*olivier de Lucques à fruit odorant*, qui est l'espèce la plus commune dans les cantons de Digne

et d'Entrevaux , partie la plus septentrionale
de la Provence où les oliviers soient cultivés ,
a pu résister , en 1820 , à 14 degrés de froid
et plus ; c'est une espèce peu délicate et peu
connue vers les côtes maritimes. Le *vermillau*
du Gard , dont le développement est très-lent,
et dont le bois est très-dur , a pu résister à
la violence de plusieurs hivers , ainsi qu'on l'a
vu à Saint-Bonnet , à Bezoulle , etc. L'arrondissement de Narbonne n'a pu sauver que l'*olivière* (*olea angulosa* de *Gouan*). Le département
des Pyrénées-Orientales est riche de sept à huit
espèces qui ont échappé en grande partie à
l'hiver de 1709 et vivent encore ; tandis que
tous les oliviers furent frappés de mort dans
le Var , les Bouches-du-Rhône , le Gard , l'Hérault et l'arrondissement de Narbonne. Dans
l'arrondissement de Carcassonne , les espèces les
plus productives sont aussi les plus sensibles au
froid. En 1820 , leur mortalité fut à peu près
d'un individu sur cinq ; tandis que les espèces
les moins fertiles n'ont donné qu'une mortalité
de 1 sur 14. Ces détails suffiront sans doute pour
établir que les effets funestes des hivers doivent
varier suivant l'espèce et la localité.

Toutes choses égales d'ailleurs , les oliviers
jeunes , beaux , bien cultivés , et doués d'une
grande fertilité , ont plus à craindre des froids
rigoureux. L'olivier résiste moins à ces derniers,

s'il est atteint à la suite d'une récolte abondante.
Dans les vergers ensemencés, les jeunes sujets
surtout sont beaucoup plus sensibles. Si l'été est
sec et l'automne pluvieuse, un moindre degré de
froid peut les faire périr ; ils ont moins à redouter d'un froid plus élevé, si cette dernière
saison est sèche. La moindre humidité, suivie
d'une faible gelée, est presque toujours fatale
à notre arbre ; sous ce rapport, le vent du sud
peut quelquefois être plus nuisible que le vent du
nord.

La durée du froid expose à la mort l'olivier
qui n'aurait perdu que ses rameaux, si ce même
froid n'avait été que passager.

La neige est quelquefois utile, en ce qu'elle
empêche la terre de se geler et garantit ainsi
les racines. Si la neige se gèle sur l'olivier, elle
constitue une circonstance aggravante ; de là, la
nécessité du *battage* ou de l'*essuyage*. Au rapport de M. *Enjalric*, les propriétaires de la
commune d'Argilliers (Aude) ont sauvé beaucoup d'oliviers en 1820, en essuyant le verglas
déposé sur leurs branches : il serait à désirer que
cette opération minutieuse pût être générale. La
neige peut tomber en si grande quantité que, s'a-
moncelant sur les arbres, son poids casse beaucoup de branches ; dans ce cas, le seul moyen
à employer, c'est, ainsi que le dit M. *Imbert
de Vitry*, aussitôt que la neige a cessé de tom-

ber , de réunir le plus d'ouvriers que l'on puisse
se procurer , et de les armer chacun d'une longue
perche au bout de laquelle on attache un gros
balais. On fait alors bien battre l'arbre , tant intérieurement qu'à l'extérieur. On le dégage ainsi
des neiges , et on le garantit en grande partie
des effets de la gelée. Cette opération , qui doit
être faite avec beaucoup de précaution , de peur
de blesser l'arbre par des contusions et des cica-
trices , est pénible et coûteuse ; mais c'est le seul
procédé à peu près certain que l'on connaisse
pour éviter la perte de l'olivier.

Mais un accident infiniment plus dangereux
que celui que nous venons d'exposer , est celui
qui a lieu lorsque , après la pluie , ou à la suite
d'une forte neige , le temps passe subitement
au froid, et que l'arbre , qui n'a pas eu le temps
de sécher , se couvre de verglas. Dans ce cas ,
le battage ordinaire ne suffirait pas pour faire
tomber cette croûte de glace qui recouvre les
grosses branches et le tronc ; on doit alors faire
frapper avec le gros bout de la perche ces dernières parties de l'arbre , après quoi on passe de
nouveau le balai partout pour enlever la plus
grande quantité possible de verglas.

On a remarqué , dans certaines localités , que
le froid a particulièrement fait succomber :
1° les oliviers qui avaient leur souche tarée ou
rongée par des vers destructeurs , ou dont l'in-

térieur du tronc était carié et pourri : 2° ceux qui n'ont jamais pu recouvrer leur état normal de santé qu'ils avaient perdu depuis certaines époques désastreuses. Ainsi nous devons mettre au nombre des circonstances aggravantes, l'excès de végétation comme le défaut de vigueur.

La promptitude du dégel est une des causes les plus certaines de la destruction de nos vergers.

Le vent aiguise tellement le froid et contribue si puissamment à le rendre funeste aux oliviers, qu'il n'est pas rare de voir toute l'écorce soulevée ou détruite du côté de l'arbre où il a soufflé ; ce qui fait que l'olivier ne tire plus sa subsistance que par une lanière souvent de très-peu de largeur. Le vent peut être utile lorsqu'il fait tomber à terre la neige amoncelée sur les branches, c'est ce que fait, dans l'Aude, le vent d'ouest ; mais il n'en est pas de même dans ce département, lorsque la neige vient avec le vent d'est, car alors celle-ci tombe par un temps calme.

En compulsant les divers mémoires des correspondans du Conseil d'Agriculture, on est frappé de la contradiction qu'on y remarque, tant est grande la bizarrerie des effets que peuvent produire les hivers rigoureux. C'est ainsi que dans l'arrondissement de Marseille, dit M. *Lautard*, on a constaté que les quartiers qui avaient le plus souffert par les froids de 1789 et 1792, avaient été les plus ménagés par celui de 1820, et que le dernier froid avait anéanti ceux qui furent respectés en 1789.

Il est possible de reconnaître si le froid est au degré suffisant pour causer la perte de l'olivier : or, il est un signe qui ne m'a jamais trompé ; le voici : quand l'hiver commence à être rude, mouillez vos doigts avec de l'eau ou de la salive, appuyez-les sur un morceau de fer exposé au grand air ; si vous les sentez de suite agglutinés , le froid à coup sûr a acquis l'intensité suffisante pour être redouté du propriétaire : cette expérience , qui est de facile exécution , a toujours été suivie de la réalisation du pronostic qui en découle ; je n'ai pas peu contribué à la faire adopter par nos cultivateurs de Courtheson. Cette épreuve doit être faite au lever ou au coucher du soleil ; elle m'a appris que le froid au degré suffisant pour nuire ne dure jamais guère plus d'une heure. On peut croire que l'hiver sera très-meurtrier pour les oliviers, lorsqu'on voit s'effectuer dans un instant indivisible la congélation des doigts appliqués sur une surface métallique.

Les effets de la gelée se font surtout remarquer par le desséchement des feuilles et des jeunes rameaux : le froid soulève et détache quelquefois l'écorce ; il fend aussi perpendiculairement le tronc, comme on le vit en 1709 et comme il arrive surtout lorsque le froid dure

long-temps avec des alternatives de gel et de
dégel. Lorsque les premières gelées se font sentir en novembre, les fruits du *bécu* en sont tellement surpris, pour peu qu'elles soient fortes,
qu'ils deviennent tout ridés et semblent souvent
avoir été bouillis : il faut ensuite des temps très-
doux et des pluies pour les faire revenir à leur
premier état.

Le plus souvent, après un hiver rigoureux,
l'olivier présente ses feuilles d'un rouge ferru-
gineux. Quand l'intensité du mal n'amène pas
la mort, l'arbre reprend sa verdeur ; et même
sa fertilité, si c'est l'année de la récolte, ne
laisse pas que de se montrer. Quand les feuilles
desséchées ne tombent pas, c'est une preuve
que la sève ne fait point d'efforts pour monter,
et c'est souvent un signe assuré de destruction :
si l'arbre s'en dépouille dans la belle saison, on
le voit se couvrir de nouvelles feuilles, et peu à
peu le mal se répare ; mais cette même année
ni la suivante il ne faut point attendre de fruit.
Dans tous les cas, s'il est des oliviers qui, après
un hiver rigoureux, donnent quelques signes de
vie parce qu'ils auront fait quelques pousses, on
doit les laisser à eux-mêmes pendant deux ou
trois ans sans les émonder, de peur d'interrompre le cours de la sève en lui fermant les nouvelles voies qu'elle se fait. Même quand les
troncs auraient été fendus par la gelée, il ne

faut pas toujours désespérer du salut de l'arbre. M. *d'Hombres-Firmas* rapporte (Mémoire cité) qu'en 1820 les mûriers se fendirent instantanément tous du côté du midi, parce que le bois est plus lâche et la sève plus abondante de ce côté; que ce ne furent que les arbres de dix à trente ans qui éclatèrent ainsi, soit parce que les fibres des jeunes avaient plus d'élasticité, soit parce que les vieux avaient plus de force; qu'au dégel les troncs se refermèrent. Il fait espérer que l'écorce se scellerait et que les arbres n'en vivraient pas moins, disant que ce ne serait que comme bois de service après leur mort que cette fente intérieure nuirait à leur emploi.

Les arbres dont les feuilles sont devenues rouges et qui ensuite ont reverdi, soit qu'ils aient porté des olives ou non, doivent être émondés à l'époque ordinaire, avec la précaution de les concentrer plus que ceux qui n'auraient rien souffert, et de leur enlever une plus grande quantité de mauvais bois. Ceux dont la perte est hors de doute et dont le bois est sec et vermoulu, doivent être abattus le plus tôt possible. Les souches, débarrassées de leur tronc, repousseront plus vite et avec plus de grace. Quant aux oliviers dont les rameaux sont flexibles, quoiqu'ils n'aient point donné de nouvelles feuilles, il faudra ne les abattre que l'année d'après; on les étêtera ou on les ravalera, s'il en est besoin, dans le mois de mars. On les traite en un mot suivant que les troncs et les branches ont plus ou moins de fraîcheur.

Les jeunes oliviers, parmi lesquels le froid fait quelquefois encore plus de victimes que parmi les vieux, en éprouvent les mêmes effets : quelquefois même leurs branches sont entièrement perdues, et leur tronc l'est de même à l'exception d'un petit filament cortical, lequel commence à paraître de bas en haut l'année qui suit celle où l'arbre a été étêté : successivement le plançon se dessèche et lui fait place ; ce filament ressemble alors à une courroie ; il s'épaissit et s'élargit, laissant le plançon en dehors : de cette manière l'arbre se refait et le plançon desséché s'en sépare plus tard avec facilité. Cette particularité n'a pas lieu pour les gros oliviers ; chez ces derniers la carie du tronc est la maladie la plus ordinaire à la suite d'un hiver trop rigoureux, mais elle ne se montre qu'après plusieurs années. Le fumier chaud amoncelé contre le tronc leur fait le même dommage ; quand ils sont devenus jaunissans et malingres par cette cause, il n'est pas nécessaire de les étêter ; il suffit d'enlever le fumier dès qu'on s'aperçoit du mal, l'arbre ne tarde pas à reprendre sa vigueur ; mais le tronc se dessèche dans toute sa longueur en plus ou moins grande partie. J'ai observé ces effets produits par le fumier mal placé sur plusieurs arbres de dix, douze et même quinze ans.

Pline nous apprend, et l'expérience a démontré, que les oliviers qui pâlissent de suite après la cessation du froid, perdent leurs feuilles et en repoussent de nouvelles au printemps, tandis que ceux qui n'indiquent aucune altération visible sont souvent bien plus endommagés, et périssent par l'effet de la destruction de leurs organes essentiels.

IV. Plusieurs oliviers, après s'être refaits des hivers ou qui semblaient n'en avoir pas été affectés, ont conservé un vice intérieur qui se manifeste de plusieurs manières quelques années après; je veux parler de la *carie* : lorsqu'elle n'est que *superficielle*, on la voit, tandis que le reste de l'arbre conserve de la verdeur, commencer à paraître sur le tronc ; dans ce cas, l'olivier ne périra pas ; ce tronc carié tombera en lambeaux en quelques points, mais il en restera toujours une portion assez douée de vie pour que l'arbre se soutienne dans sa vigueur et sa fertilité.

Quoique les fortes gelées soient les causes les plus ordinaires des maladies de notre arbre, il en est d'autres pourtant qui nous sont inconnues ; mais il en est aussi que nous connaissons ; tels sont les engrais trop chauds placés contre le tronc, sur la souche ou les racines ; tel est encore l'état d'épuisement à la suite de récoltes trop abondantes surtout pendant les années de sécheresse ; tels sont aussi les labours donnés à une terre trop humide, surtout si elle est argileuse. Quelle que soit la cause des infirmités de l'olivier, les symptômes de la *carie superficielle* déjà décrite se montrent quelquefois et ce sont les moins à craindre (1). Le pis est quand on voit jaunir çà et là plusieurs rameaux, ou quelques branches-mères, ou la tête de l'arbre dans son ensemble ; tous ces signes décèlent une affection interne dont la souche est le foyer : tous les secours seraient alors sans utilité, si le remède n'était porté à la souche elle-même ; c'est là ce que nous appellerons *carie interne* ou *profonde*. Voici quelques précautions nécessaires pour éviter ce mal ou pour y remédier.

Quand on arrache les attaches (chevilles ou

(1) Il ne faut pas confondre cette maladie avec cet état qu'on appelle *le noir*. Celui-ci, comme feu M. *Bosc* a eu occasion de l'observer en Espagne, en Provence et en Italie, n'est pas une maladie, mais le résultat des déjections des cochenilles et des kermès, insectes, qui affaiblissent les oliviers en vivant aux dépens de leur sève. L'abbé *Rozier* dit que les kermès de l'olivier n'étaient pas connus dans la partie du Languedoc qu'il habitait. Suivant *Bernard*, le peuple donne le nom de poux aux kermès, et croit que les fourmis les produisent : cet insecte, dit-il, nuit à l'olivier non pas par la sève qu'il aspire pour sa nourriture, mais par l'extravasion extrême de cette même sève.

plantards) pour les transplanter , on a soin ,
comme nous l'avons dit en son lieu , de séparer
de la souche les quartiers secs ou pourris : quelques années après on en fait la visite , et l'on
répète la même opération, s'il le faut. Dans cette
recherche du siége de la maladie , on découvre
tous les alentours de la souche à une profondeur
suffisante pour que l'examen soit facile , sans
toucher aux racines , à moins que parmi celles-ci
quelques-unes ne fussent gâtées et ne dussent
être extirpées : c'est ainsi qu'on reconnaît le point
carié ; quelquefois, malgré toute l'attention possible , on ne trouve aucun foyer du mal ; la
souche en dehors est toute vive , blanche , et
d'un beau luisant ; tandis que d'autres fois elle
et ses racines offrent une écorce livide , quoiqu'elle ne soit point affectée de la carie intérieurement : c'est la maladie la plus fâcheuse que
notre arbre puisse éprouver.

Si la carie paraît sur quelque point du crapaud , on extirpe d'abord avec le pic la partie
altérée qui est extérieure , ce qui est très-
facile ; puis on creuse la terre vis-à-vis l'ouverture faite à la souche ; cette dernière ouverture
doit avoir la forme d'un angle dont la pointe se
dirige vers le tronc ; on l'agrandit autant qu'il
le faut sans toucher à la partie vive du tronc :
on se sert pour cela de la hache à long manche
des refendeurs ; avec cet outil et le pic on en-

lève le bois pourri , sec , noir ou livide ; et si
ces moyens ne suffisent pas , on a recours à un
ciseau d'un pied et demi de longueur avec lequel,
aidé d'un maillet , on fait voler en éclats le
mauvais bois à quelque profondeur qu'il soit
situé. La souche étant ainsi purgée de toutes
les parties putréfiées , sèches ou vermoulues , on
remplit l'ouverture , non avec du fumier , mais
avec de la terre bien meuble : l'olivier , délivré
de la corruption qui l'incommodait , doit être
taillé comme il suit :

S'il n'a jauni qu'en plusieurs rameaux ou petites branches , on les abat et on l'émonde ensuite , comme de coutume , en lui ôtant un peu
plus de menu bois qu'à un autre qui n'aurait
point été malade. Si l'arbre avait quelque mère-
branche qui eût jauni et qui eût perdu une partie
de ses feuilles , il ne faudrait pas l'amputer ,
mais il faudrait se contenter de l'émonder comme
le reste de l'arbre , conformément à ce qui vient
d'être dit : cette branche reprendra sa vigueur
dans le courant de l'année , et se couvrira d'un
nouveau feuillage aussi beau que celui d'un arbre
qui n'aurait point souffert.

C'est en vain qu'on espérerait la guérison,
si l'on ne touchait pas à la souche malade,
quelque légère que fût l'altération de cette dernière. N'imitez point en cela un grand nombre
de cultivateurs qui , négligeant d'enlever la vraie

cause du mal, se bornent à dépouiller l'olivier non-
seulement de toute branche qui languit , mais
encore de beaucoup d'autres ; le vice qu'ils laissent dans la souche , parce qu'ils le croient peu
important , fait bientôt des progrès , corrompt
de plus en plus la sève , et , dans peu d'années,
amène le dépérissement total de l'arbre.

Il arrive quelquefois , avons-nous dit , qu'a-
près avoir déterré la souche et ses alentours,
on ne trouve à l'extérieur ni carie , ni marques
de lividité : le mal existe pourtant quelque part ;
pour le découvrir , on doit percer la souche du
côté sur lequel pend la branche malade , et à
une certaine distance du tronc : on fait cette
ouverture avec une hache bien effilée , en évitant les éclaboussures ; après avoir enlevé la
partie saine , la lame de l'outil s'enfonce comme
dans de la fange ; c'est là le foyer : on élargit
alors l'ouverture en forme d'angle aigu , dont
la base est du côté de l'ouvrier : la substance
cariée est fort humide , elle paraît diffluente
et coule , à mesure qu'on détruit l'abcès , sous
la forme d'eau noirâtre et si fétide , qu'on est
obligé d'interrompre le travail pendant quelques
minutes pour laisser se dissiper l'odeur infecte.
On ne saurait attribuer l'existence d'un pareil
foyer liquide à une eau de pluie en stagnation ;
car le tronc et la souche sont parfaitement sains
à l'extérieur : l'abcès dont il s'agit est dû sans

doute à la sève viciée dont la circulation est gênée et imparfaite, et qui se dégorge de tous côtés dans ce foyer : le méphytisme se répandant à travers les tissus de l'arbre, explique aisément l'état de langueur de celui-ci.

Il faut avouer que toutes les espèces d'oliviers ne se prêtent pas également à l'opération dont le but est de les délivrer de ces foyers d'infection. Le *soureau* est celui chez lequel cette pratique a le plus de succès, en ce que la séparation, qu'on a intérêt d'effectuer entre les parties saines et celles qui ne le sont pas, est d'une exécution plus facile : dans cette espèce, le foyer est plus abondant et l'adhérence entre le bois mort et le vif est moins réfractaire à l'action des instrumens ; car chez beaucoup d'espèces d'oliviers, le bois mort est extrêmement dur et adhère fortement au bois vif : le *soureau* (1), au contraire, lorsqu'il est carié, présente un dépôt assez mou. Quoi qu'il en soit, l'opération déjà indiquée est nécessaire dans tous les cas, et est toujours suivie, sinon d'une entière guérison, du moins d'un amendement notable. L'arbre peut ne pas reprendre ses forces, mais la souche s'en trouve toujours mieux ; on abat alors le tronc ; des rejetons se montrent

____

(1) Cette espèce abonde à Saruhac (Gard) ; elle est très-fertile : ses olives sont toutes noires quand elles sont mûres ; elles paraissent sur nos tables, préparées de bien des manières.

ensuite en plus grande abondance que si la cause du mal eût été laissée au centre de la souche ou à ses alentours.

Ainsi donc, quand un *soureau* donnera des marques de la maladie en question, on est assuré de le guérir en fouillant la souche et en lui enlevant le foyer de son mal. Si l'arbre est maltraité au point qu'il soit nécessaire de lui abattre les branches et de le concentrer, cette opération ne peut que lui être utile, en le purgeant de tout ce qui vicie sa sève. Quant aux autres espèces, à l'exception du *rouget* ou *vermillau* dont je parlerai plus bas, fussent-elles assez malades pour qu'on dût sacrifier la tête et même le tronc, la pratique déja conseillée ne peut que leur être convenable.

Il est bon de faire observer que la fouille de la souche ne peut pas avoir lieu de suite après un hiver préjudiciable : de plus, cette opération constitue quelquefois un travail assez pénible pour exiger la présence du maître, sans quoi l'ouvrier se laissera facilement rebuter, et ne manœuvrera pas comme il convient.

Si la carie n'a son siége qu'au tronc, il est inutile de percer celui-ci de part en part, comme le font quelques-uns ; dans ce cas, la corruption s'exhalant en plein air, ne peut être nuisible à l'arbre ; le bois mort tombe de luimême et disparaît peu à peu, ou bien on en

fait l'ablation lorsqu'il n'adhère plus au bois vif ;
ce qui s'exécute avec la main , ou avec un outil,
évitant de faire de trop grandes incisions , et
agissant à peu près comme quand on enlève les
écorces mortes qui , en hiver , mettent à l'abri
du mauvais temps les fourmis et diverses mou-
ches , insectes et vers.

Bien plus , je crois que cette pratique offre
moins de profit que de danger ; car le tronc
ainsi percé d'outre en outre , présente plus de
surface au soleil en été et au grand froid en
hiver ; ce qui n'est pas un léger inconvénient.
Des oliviers ainsi percés ne prospèrent jamais;
il vaudrait mieux les abattre , et bien purger
la souche de tout ce qu'elle recèle d'immondices;
elle donnerait de belles repousses , et l'arbre
rajeunirait en se multipliant.

La fouille des oliviers n'est point coûteuse
quand elle est superficielle ; le bois qu'on en
retire paie une partie du temps que l'ouvrier
emploie à la faire. Les frais sont en raison di-
recte de la profondeur à laquelle il faut aller
chercher le foyer : mais souvent la quantité de
bois mort , qui est au-dessous de la souche ,
est suffisante pour indemniser ; cela n'est pas
surprenant ; car tel olivier qui paraît n'être assis
que sur sa propre souche , cache sous lui la
souche ancienne sur laquelle il a crû , parce
que celle-ci ayant produit des attaches , on n'a

pas eu soin de la recéper et de la nettoyer
quand on les a transplantées. Un seul olivier
peut ainsi fournir plusieurs quintaux de souchets ou bois morts détachés de dessous ou des
côtés du crapaud.

Quand la fouille est terminée, outre qu'il faut
combler l'ouverture avec de la terre bien meuble de manière à remplir, avec une légère pression, tous les vides au dedans et autour de la
souche, il faut avoir la précaution de recouvrir
celle-ci un peu plus que si elle n'avait pas été
fouillée : si elle s'élève au-dessus du sol, le buttage doit être fait de manière qu'en toute saison
il la recouvre de deux pouces : l'arbre s'en trouvera bien. Nous avons parlé de l'émondage après
la fouille : j'ajouterai qu'il est bon d'abattre la
mousse adhérente au tronc ou aux branches : les
plantes parasites, dont les espèces sont innom-
brables, sont un vrai fléau pour notre arbre ;
elles le privent de l'influence de l'air, de la lumière, de la chaleur, etc., se nourrissent de sa
sève et en dérangent le cours ; de plus elles étran-
glent le bois sur lequel elles rampent, et nuisent
essentiellement à son accroissement.

Si l'emplacement est tellement pauvre en fond
que les racines ne soient pas suffisamment recou-
vertes, elles seront sujettes à être déchirées par
les outils de labourage ; dans ce cas, on doit répandre au large un bon demi-pied de terre : le

bien qui en résultera pour l'olivier fouillé sera incalculable, surtout si à ces soins on en ajoute d'autres relatifs à un entretien un peu meilleur que celui du commun des oliviers.

La souche d'un olivier malade est sujette à être dévorée par de gros vers qui se nichent dans sa propre substance ou à ses alentours : on les trouve dans le sein même de la carie où ils s'engraissent de la sève viciée qui découle du bois détérioré; ils n'habitent point les parties saines ; pour en délivrer l'arbre, il faut nécessairement faire la fouille et extirper le foyer de corruption.

La saison propre à l'émondage est aussi celle où il convient de faire la fouille, évitant néanmoins d'effectuer cette opération quand la terre est trop humide. Car, dans ce cas, la simple culture est nuisible ; à plus forte raison, doit-il en être de même d'une excavation. La fouille ne doit point non plus se faire l'année qui suit l'hiver trop rude qui a causé la maladie de l'arbre ; car chez l'olivier qui a souffert du froid, ce n'est, au plus tôt, que l'année d'après que se forme le dépôt de la carie ; dès que les symptômes de ce mal se manifestent par les rameaux, les branches et autres parties, il faut se contenter de percer la souche pour que la mauvaise sève s'écoule dans l'intérieur, s'évacue et diminue ainsi le méphytisme que produirait une stagnation trop prolongée ; c'est par cette raison que nos ancêtres perçaient avec une tarière les troncs de leurs oliviers malades.

Si on procède prématurément à la fouille, on s'aperçoit que parmi les bois noirs ou livides, il est des filamens blancs qu'il serait difficile de ne point détruire, et qui pourtant doivent être laissés en place pour qu'ils corroborent l'arbre ; mais quand on ne fait l'opération susdite que quelques années après la formation de l'abcès, ces filamens doués de vie ont grossi, et l'on peut les distinguer assez facilement pour les épargner.

Telles sont les considérations minutieuses sur lesquelles j'ai cru devoir m'étendre un peu au long, relativement à la fouille de l'olivier. Je puis assurer qu'elles sont le résultat de ma propre expérience. Mais je dois faire remarquer, à cet égard, qu'elles ne sont nullement applicables à l'espèce *vermillau* ou *rouget* : la maladie de celle-ci affecte la souche et les racines d'une manière toute différente, comme nous le verrons bientôt. (Voy. le § VI de ce Chap.).

V. L'olivier peut perdre sa santé par l'effet d'un emplacement trop humide ; on sait que les terrains bas et sujets aux eaux stagnantes, exposent cet arbre à périr plus facilement par le froid ; leur sève en est plus aqueuse et plus abondante : il faut, dans ce cas, opérer au plus tôt le desséchement du sol, sans quoi, le travail de la fouille

qu'on aurait tenté pour remédier à la maladie de
l'olivier , aurait été fait sans utilité. On devra ,
dans cette vue , ouvrir un fossé couvert (en patois , *calat ratier*) , ou , s'il le faut , on creusera
une fosse profonde qu'on laissera ouverte ; et si
cela ne suffit point , on pratiquera des puits de
cinq à six pieds de profondeur , qu'on remplira
de débris de rochers ou de cailloutages , et qu'on
recouvrira avec de la terre en quantité suffisante
pour que cette partie du sol soit cultivable. La
terre qu'on tire des excavations sert admirable-
ment ; jetée sur celle qui entoure l'olivier, elle
la relève et donne à l'arbre la faculté de se faire
des racines au-dessus de la trop grande humidité.
La terre qu'on met au large autour des oliviers
ne doit pas former une couche dont l'épaisseur
excède un demi-pied ou environ , pour que les
racines ne soient pas trop enfoncées au - dessous
de la surface que le soleil vivifie par sa chaleur
et sa lumière ; sans quoi , l'arbre recevrait , de
la mesure conseillée, plus de dommage que d'utilité. J'en ai fait la fâcheuse expérience sur plusieurs oliviers qui, se trouvant sur les coins d'une
pièce dégradée par les eaux pluviales, n'en étaient
pas moins vigoureux et fertiles ; pour remédier
aux dégradations qui choquaient la vue , je fis
relever les murs à la hauteur suffisante pour que
le sol pût être aplani , et je fis mettre aux alentours de ces oliviers une bonne quantité de terre ;

je crus les rendre meilleurs, mais je fus trompé dans mon attente, car dès-lors j'en ai perdu une partie, et les autres sont notablement déchus de leur première beauté.

M. *Stanislas de Belleval* conseille beaucoup, dans les terrains bas et humides, la culture de la vesce d'hiver, à laquelle peut succéder le blé. Ces plantes, dit-il, en absorbant l'humidité qui fatigue l'arbre, le défendront des impressions d'une trop forte gelée et amortiront la violence de ses coups.

Les arrosages qu'on donne à l'olivier ne doivent pas être trop fréquens, la trop grande abondance d'eau fait périr cet arbre de deux manières : ou ses racines se pourrissent, et alors les feuilles pâlissent et il se dessèche lentement, ou bien il prend trop de sève, et cette abondance ne pouvant être répartie et reçue dans ses branches, crève l'écorce autour de la tige, se fige à la crevasse sous une forme galeuse, et trouvant une issue facile, ne monte plus vers le sommet de l'olivier ; l'écorce se détache en se desséchant, et l'arbre meurt. C'est surtout dans les terres fortes et argileuses que la trop grande humidité peut devenir dangereuse, parce que l'eau qui s'y est infiltrée s'y conserve plus long-temps (1).

Il est bon de faire remarquer que l'humidité

(1) Voy. le Mémoire déjà cité de M. *Laure*.

est plus ou moins agréable ou nuisible aux oliviers , suivant les espèces ; ainsi le *plant d'Istres*
aime à être placé dans une terre forte , argileuse , compacte , substantielle et un peu aqua-
tique ; au contraire , le *plant de la Fare* réussit
en terrain sec , léger , graveleux , silico-calcaire ;
il en est de même du *plant d'Éyguières*.

Il a déjà été question de l'influence de l'humidité et surtout des moyens d'y remédier ; voyez
ce qui en a été dit au Chapitre 3 (§ III , 2°).

VI. Comme les autres espèces , le *vermillau*
ou *rouget* (1) manifeste sa maladie par la jaunisse de plusieurs rameaux , ou d'une grande
partie de sa tête , ou par un air languissant de
toutes ses branches qui ensuite finissent par
jaunir entièrement : dans ce dernier cas , l'écorce
de toute la surface de la souche est plus ou
moins livide , selon l'état plus ou moins avancé
de la maladie ; il en est de même des racines ;

(1) Cette espèce , qu'on préconise aux environs du Pont de Gard ,
à Saint-Bonnet , à Bezoulle , s'élève assez haut sur un tronc droit
et lisse ; ses branches ont une tendance naturelle à se déployer ;
son port plaît à l'œil par sa régularité ; ses feuilles fines et lancéo-
lées sont du vert le plus pâle ; son fruit oblong d'abord jaune et
rouge, finit par noircir en mûrissant ; son huile est abondante et
estimée. Il ne faut pas confondre cette espèce avec le *vermillau*
ou *plant d'Eyguières* dont l'olive, grosse et pointue, est tachetée
de blanc sur un fond excessivement vert ; cette dernière donne les
huiles superfines d'Aix.

ces écorces détériorées ont peu d'adhérence avec le bois; leur ablation est facile; au-dessous d'elles on trouve une eau jaunâtre abondante qui s'écoule avec rapidité quand le mal est récent, et qui ensuite s'épaissit comme la gomme détrempée.

Quand la sève est glutineuse au point que la sécrétion ne peut avoir lieu, l'arbre est perdu; c'est en vain qu'on essaierait alors d'inciser les racines et la souche pour en procurer l'évacuation. J'ai fumé l'arbre avec de la suie, ou du marc de raisin lavé, ou de la cendre lessivée et autres engrais : j'ai fait étêter ou ravaler, rien n'a pu sauver ces oliviers ainsi affectés; ils ont vécu encore quelques années et ont donné même du fruit : je les ai fait enfin arracher ayant leurs feuilles et leurs brins encore flexibles : leurs souches mises en pièces ne m'ont pas offert un seul souchet vivant; ce qui n'arrive pas quand on arrache des oliviers de toute autre espèce morts de maladie et non subitement par le grand froid; car si on réduit leurs souches en éclats, on en trouve toujours quelques-uns qui, séparés du bois mort auquel ils adhèrent, seraient bons pour être mis en pépinière.

Si la sève gâtée, répandue au-dessous de l'écorce de la souche et des racines, n'est point encore épaissie et peut encore s'évacuer, les incisions alors sont très-utiles; et si elles ne m'ont pas toujours réussi pour remettre l'arbre en santé , du moins il en a vécu plus long-temps, donnant du fruit chaque année.

Il y a quatre ans environ , qu'après avoir fait faire les incisions convenables , je fis étêter deux oliviers qui étaient dans le même état : ils ont poussé d'une manière assez satisfaisante ; cet essai devrait être répété par les agriculteurs.

Quand la maladie du *vermillau* ne s'est manifestée que sur quelques parties de la tête , la souche n'a aussi que quelques quartiers détériorés ; dans ce cas , ayant fait faire sur la souche une incision peu large, mais profonde d'un demi-pied, j'en ai fait pratiquer d'autres plus petites sur les racines qui aboutissent aux parties malades : il en est résulté que le mal n'a plus fait de progrès , que les branches saines ont conservé leur vigueur, et que , parmi celles qui languissaient , les unes ont reverdi , et les autres , ne pouvant venir à bien , ont été abattues, de manière pourtant qu'à la longue , celles qui restent formeront un bel arbre. Je dois faire observer que les incisions ont donné lieu à l'écoulement de la sève corrompue; de sorte que l'ouverture faite à la souche est devenue comme un égout où l'humeur viciée et stagnante a pourri le bois voisin en remontant vers le tronc ; mais tout le reste est demeuré sain ; du reste , la quantité du bois pourri est bien petite , eu égard à celui qu'on retire des souches des autres espèces d'oliviers.

VII. Les maladies de notre arbre proviennent ordinairement des froids rudes ; bien souvent aussi elles sont dues à une trop grande sécheresse pendant la canicule. Voyez, à ce sujet, ce qui a été dit (Chap. 3, § III, 3°, A.) Nous avons eu aussi occasion d'apprécier les effets funestes d'un engrais trop brûlant (Chap. 7 , § III) , et le mal alors se manifeste plutôt sur un jeune sujet que sur un vieux. Du fumier placé contre le tronc ou sur la souche détermine la corruption de la sève qui sort en abondance sous l'écorce noircie et brûlée , sous la forme d'une eau jaunâtre ; c'est ce que font aussi les pampres de vigne mises en tas contre le pied des oliviers. Lorsque le mal est récent , il suffit d'enlever la cause qui l'a produit , sans toucher aux branches de l'arbre. Chez les oliviers vieux , le fumier nuit plus lentement, sans doute , à cause de la dureté de l'écorce , ou de la plus grande abondance de la sève , ou pour d'autres raisons semblables.

FIN.

FIN DE LA TABLE DES MATIÈRES.

Crapaud ; voy. Souche.

Cultures à donner aux oliviers ; 20 , 106–108 , 111 , 112 , 141 ,
143 et suiv. , 224.

D.

Déboisement , 80.

Déchaussement de l'olivier , 202 , 205.

Décombres utiles comme engrais , 159.

Dégel (action funeste du) , 74 , 218.

Demoiselles nuisibles à l'olivier , 207.

Départemens qui cultivent l'olivier , 72.

Départementales (pépinières) , 43 et suiv.

Dépérissement partiel de l'olivier , 211.

Desséchement des olivettes , 69 , 70 , 234.

Disposition à donner aux différens pieds qui composent une olivette,
87 , 88 , 150.

Durée de l'olivier , 115 , 116 , 117 , 138 , 208–211 ; voy. Hiver ,
Mortalités , Accroissement de l'olivier.

Drageons , 9 , 24 et suiv. , 43 ; voy. Rejetons.

E.

Eaux des moulins à huile , 163 , 164 , 173 ; voy. *Amurca*.

Échiquier (olivettes en) , 84 , 86 , 151.

Écusson (greffe en) , 118 , 119 et suiv. , 126 et suiv.

Emplacement des oliviers , 53 , 64–66 ; voy. Fosses , Terrain.

Engrais , 10 , 21 , 58–60 , 70 , 108 , 109 , 141 , 143 , 144 , 157
et suiv. , 203 , 223 , 239.

Ensemencement des olivettes , 84 , 85 ; 111 , 112 , 151–156.

Époques des divers travaux que réclame l'olivier , 5 , 8 , 10 et suiv. ,
20 , 21 , 24 , 25 , 31 , 34 , 80–83 , 97–99 , 102 , 103–105 ,
107 , 108 , 110 , 120 , 121 , 123–126 , 136 , 141 , 148 , 149 ,
162–165 , 181–186 , 202 , 232.

Espacement à donner aux pieds d'une olivette , 84–87.

Espèces d'oliviers , 29 , 34 , 35 , 114 , 127 , 180 , 181 , 185
186 , 213–215 , 228 , 229 , 236.

Essuyage , 216 , 217.

Exposition convenable à l'olivier , 45 , 68 et suiv.

Eyguières (plant d') , 236.

I.

J.

K.

L.

M.

Q.

R.

S.

T.

(250)

FIN DE LA TABLE ANALYTIQUE.

ERRATA.

A l'épigraphe du frontispice, mettez une virgule après le mot *quanquàm*, au lieu d'un point.

Pag.	Lign.	Fautes à corriger.	Corrections.
3	20	(en patois *safre*)	en provençal *safre*.
4	7	d'un pouce de terre seulemt.	d'un pied de terre environ.
5	1	de deux pouces	de six pouces.
10	2	employer	employez.
37	13	*vittelina*	*vitellina*.
40	19	*traditur*	*truditur*.
41	24	Terris	Torris.
42	27	généralement	généreusement.
43	5	récison	récision,
44	19	l'abandon	l'abondance.
49	8	étendus	étendues.
59	26	*difficilis*	*difficiles*.
Ib.	Ib.	*malignis*	*maligni*.
Ib.	29	*Judicio*	*Indicio*.
Ib.	30	*agni*	*agri*.
60	20	peloton	pelotons.
Ib.	10	*nece*	*nec*.
61	24	a moctirent	amortirent.
70	28	fleurs	fleuves.
75	7	vigueur	rigueur.
78	25	luissant	luisant.
82	13	tronc	trou
86	3	rapprochés	rapprochées.
Ib.	30	cés à la fin	cées à la fin.
88	27	*ex seipsâ*	*ex se ipsa*
89	27	*incantis*	*incantis*.
91	4	de commotion	de la commotion.
92	2	rougâtres	rougeâtres.
96	31	Joël, 1, 4 et 11, 25, 26; ..	Joël, cap. I, v.4, et cap II, v. 25 et 26.
Ib.	32	Amos, IV, 9, etc.)	Amos, cap. IV, v.9, et cap. VII, v.2; Ecclesiastic. cap. XXXIX, v.35, 36, 37.)
116	11	buissonneuce	buissonneuse.
Ib.	26	sont	est.
118	29	Teshondy	Tschondy.
121	24	croix meil-	croix la meil-
125	26	pouces	pousses.
129	3	hâte	hâle.
133	14	le greffage	la greffe.
135	6	Après avoir	VI. Après avoir.
138	16	les uns	les unes.
140	5	à bonnes feuilles droites	droites, à bonnes feuilles,
141	1	plans	plants.
143	18	de Monceau	du Monceau.
145	20	suçons	suçoirs.
Ib.	25	*Augustus*	*angustus*.
151	7	côtes	côtés.
153	25	*cuniculum*	*coliculum*.
158	17	olives	oliviers.
167	5	l'observance	l'observation.
168	18	ses plantes	ces plantes.

Pag.	Lign.	Fautes à corriger.	Corrections.
168	19	putrifiables	putréfiables.
182	26	gluton	gluten.
191	18	généralement de l'engrais répandu	en répandant l'engrais.
Ib.	20	et recouvert	et le recouvrant.
Ib.	23	mettons	mettrons.
193	20	à l'émondage	d'émondage.
208	8	quatre causes	les causes externes.
Ib.	38	(Chap. V. § IV.)	(Chap. V. § VI.)
209	6	Bouche	Bouclu.
Ib.	8	Ceyreste	Coreste.
214	1 et 2	dans l'Aude et l'Hérault	à St-Pons (Hérault.)
217	4	balais	balai.

FIN.